# 滑坡堰塞湖灾害链演化与风险评估

徐富刚　魏博文　周家文　著

中国水利水电出版社
www.waterpub.com.cn
·北京·

## 内 容 提 要

滑坡堰塞湖灾害链的发生、发展、消亡等过程是一个系统的不可分割的整体，目前人们对于滑坡堰塞湖的研究大多只集中于链上某一环节，人为地割裂各灾害的传承关系，为合理地了解灾害的发生过程、演化机理，进而提出科学的防灾减灾措施带来较大困难。本书结合滑坡堰塞湖现场调研结果，开展了大量室内试验和数值模型计算，分析了滑坡堰塞湖灾害链各环节的成灾演化特点、诱发条件及关键演化致灾规律，在灾害风险评估的基础上提出了滑坡堰塞湖灾害链的综合防灾、减灾的思路与措施，并应用于红石岩堰塞湖灾害分析。

本书系统介绍了滑坡堰塞湖灾害链的各个过程，可作为地震滑坡灾害研究的辅助用书。

**图书在版编目（CIP）数据**

滑坡堰塞湖灾害链演化与风险评估 / 徐富刚，魏博文，周家文著. -- 北京 : 中国水利水电出版社，2022.11
ISBN 978-7-5226-1149-5

Ⅰ. ①滑… Ⅱ. ①徐… ②魏… ③周… Ⅲ. ①滑坡－堰塞湖－灾害－风险评价 Ⅳ. ①P941.78

中国版本图书馆CIP数据核字(2022)第236631号

| | |
|---|---|
| 书　　名 | **滑坡堰塞湖灾害链演化与风险评估**<br>HUAPO YANSEHU ZAIHAI LIAN YANHUA YU FENGXIAN PINGGU |
| 作　　者 | 徐富刚　魏博文　周家文　著 |
| 出版发行 | 中国水利水电出版社<br>（北京市海淀区玉渊潭南路1号D座　100038）<br>网址：www.waterpub.com.cn<br>E-mail：sales@mwr.gov.cn<br>电话：（010）68545888（营销中心） |
| 经　　售 | 北京科水图书销售有限公司<br>电话：（010）68545874、63202643<br>全国各地新华书店和相关出版物销售网点 |
| 排　　版 | 中国水利水电出版社微机排版中心 |
| 印　　刷 | 天津画中画印刷有限公司 |
| 规　　格 | 184mm×260mm　16开本　8印张　195千字 |
| 版　　次 | 2022年11月第1版　2022年11月第1次印刷 |
| 印　　数 | 001—400册 |
| 定　　价 | **48.00元** |

凡购买我社图书，如有缺页、倒页、脱页的，本社营销中心负责调换

# 前言

我国是一个山地广泛分布的国家，山地占总面积的2/3以上，同时位于喜马拉雅地震带和环太平洋地震带之间，地震活动强烈，尤其是自2008年以来，先后发生了多次6.0级以上地震，如四川汶川地震（2008-05-12）、西藏当雄地震（2008-10-06）、青海玉树地震（2010-04-14）、四川芦山地震（2013-04-20）、云南鲁甸地震（2015-08-03）、青海门源地震（2016-01-21）等。地震不仅带来直接的构筑物破坏及人员伤亡，还降低了山区岩土体强度形成大量的松散体进而诱发大量不同类型的地质灾害，如滑坡、崩塌、堰塞湖等。山区地质灾害发生后，往往具有一定的连锁效应，由单一灾害诱发为一系列的灾害，由一个小空间扩散到更广阔的空间而形成灾害链，灾害程度大幅增加。滑坡堰塞湖灾害链因致灾范围广、历时长、后果严重等特点，已经成为山区地质灾害防灾减灾工作中不容忽视的重要部分。

滑坡堰塞湖灾害链是指由地震或降雨等外力作用下，含有滑坡、堵江、堰塞湖、溃坝洪水（挟沙水流）等过程的灾害链条，具有以下基本特点：①堰塞湖在灾害链上是核心环节，发生突然，危害巨大；②各灾害环节存在物质、能量、信息的传递和转化，具有明显的关联性；③地处偏远、交通不变，及时准确获取水文地质资料困难；④灾害链物理力学过程及机理极为复杂，给地质灾害的防灾减灾工作造成极大困难。若地震发生在雨季或震后连降大雨，则形成滑坡堰塞湖的概率增大，溃坝产生的次级洪涝灾害的危害性也随之增加。滑坡堰塞湖灾害链的发生、发展、消亡等过程是一个系统的不可分割的整体，而目前人们对于滑坡堰塞湖的研究大多只集中于链上某一环节，人为地割裂各灾害的传承关系，给合理了解灾害的发生过程、演化机理，进而提出科学的防灾减灾措施带来较大困难。

本书结合滑坡堰塞湖现场调研结果，开展了大量室内试验和数值模型计算，分析了滑坡堰塞湖灾害链各环节的成灾演化特点、诱发条件及关键演化致灾规律，在灾害风险评价的基础上提出了滑坡堰塞湖灾害链的综合防灾、减灾的思路与措施，并应用于红石岩堰塞湖灾害分析。通过上述研究，取得了以下几个创新性成果：①基于多座滑坡堰塞湖形成、发展、消亡的调研，揭示了滑坡堰塞湖灾害链的内在传承机制，为系统地研究堰塞湖灾害及防灾减灾奠定了基础；②基于涌浪侵蚀及堰塞坝溃决过程试验分析研究结果，结合“5·12”汶川地震形成的多座堰塞湖引流排险工程实践，揭示了大块石对坝面防冲固坝的作用机制，提出了堰塞坝大块石抗冲防护与消除阻滞的作用机理，为堰塞坝溃口形态发展研判提供了技术支持；③基于堰塞坝引流溃决后的溃口形态调查结果及模拟试验，提出了宽度系数 $k_1$、深度系数 $k_2$ 的溃口形态特征参数，揭示了堰塞体溃口的形成拓展机制，为导流槽的设计提供了理论支持；④基于溃口预测模型，提出了堰塞湖溃决流量计算的数学计算修正模型，并结合能量方程、动量方程、连续方程，提出了溃坝洪水演进的最大冲击荷载的预测模型，为堰塞湖灾害的风险评估及科学预警提供重要技术支撑。

本书结合多座堰塞湖灾害链的现场调研和模拟试验，分析了滑坡堰塞湖形成、发展、消亡过程，完善了堰塞湖灾害链理论，揭示了溃口的演变规律，提出了块石护面及导流槽防冲阻滞（或消阻扩容）的堰塞坝人工处理手段，引入了溃口形态特征参数，进而推导了堰塞湖溃决流量和最大冲击荷载的数学预测模型，对于全面了解堰塞湖灾害的形成机理、破坏过程、参数演变和应急管控有一定的理论和实际价值。

本书的出版，得到了四川大学水电学院、南昌大学水利工程系、南昌大学香樟育才项目、中国博士后基金项目（2019M652281）、江西省自然科学基金项目（20202BAB204034、20212BAB204057）国家自然科学基金（52269027）的资助。写作过程中引用了大量文献，在此对这些文献的作者表示诚挚的感谢。

由于时间仓促，加之作者的水平有限，本书不足之处和错误之处在所难免，恳请相关专家读者批评指正。

**作　者**

2022年9月于英雄城

# 目　　录

# 第1章　绪　　论

## 1.1　研究背景及意义

### 1.1.1　研究背景

我国幅员辽阔，地貌迥异，呈梯级分布，自西向东可以分为三大部分：以青藏高原为主的西部地区，以高原盆地为主的中西部地区，以及以丘陵平原为主的东部地区。同时，我国位于地震多发区域，地震频发，地震活动强度和致灾后果极其罕见，尤其是西南地区[1]。21世纪以来，西南地区先后发生了2008年“5·12”汶川8.0级地震、2008年“10·6”当雄6.6级地震、2010年“4·14”玉树7.1级地震、2013年“4·20”芦山7.0级地震、2014年“8·3”鲁甸6.5级地震、2016年“1·21”门源6.4级地震以及其他大量余震和较小地震[2]。地震活动使地球内部蓄积的能量短时间释放，形成的地震波对地表结构安全稳定造成巨大威胁，不仅带来大量的直接伤亡，还降低了山区岩土体强度形成大量的松散体，进而在地震、降雨等外力作用下诱发不同类型的地质灾害——滑坡、崩塌、堰塞湖，进一步增大受灾范围和灾害程度，且各次级灾害相互作用，产生连锁效应。崔鹏指出，“只要发生在山区的地震都会导致一系列的次生灾害，成为相互作用、相伴共生的灾害链，国内外无一例外”[3]，其中滑坡堰塞湖灾害链因致灾范围广、历时长、后果严重等特点，已成为西南山区地质灾害防灾减灾工作中不容忽视的重要部分。图1-1为“5·12”汶川地震诱发的两个典型滑坡堰塞湖——枷担湾堰塞湖和小岗剑堰塞湖。

(a) 都江堰市白沙河枷担湾堰塞湖蓄水

(b) 绵竹市绵远河小岗剑堰塞湖泄洪

图1-1　“5·12”汶川地震诱发的典型滑坡堰塞湖

滑坡堰塞湖是指由地震、降雨等外力诱发的山体崩塌、滑坡进入河流，堵塞河道，拦截水流而形成的湖泊，是一种最常见的堰塞湖[4]。我国西南地区多次发生地震并诱发滑坡堰塞湖，如公元前26年3月28日（汉成帝河平三年）的犍为郡（今乐山一带）5.5级地震、1786年6月1日（清乾隆五十一年）的康定—泸定磨西7.7级地震、1870年4月11日（清同治九年）的巴塘7.5级地震、1933年8月25日的茂县叠溪7.5级地震、1976年8月16日松潘—平武7.2级地震、2008年5月12日汶川8.0级地震、2014年8月3日鲁甸6.5级地震等[5-7]，表1-1为我国西南地区历史上部分典型地震型滑坡堰塞湖。

**表1-1　我国西南地区历史上部分典型地震型滑坡堰塞湖**

| 时 间 | 地点 | 震级 | 诱 发 堰 塞 湖 |
|---|---|---|---|
| 公元前 26-03-28 | 乐山 | 5.5 | 四川首次较详细的地震记载，乐山一带发生大规模山崩，堵塞河道，使江水逆流毁城，死亡13人 |
| 1657-04-21 | 汶川 | 6.0 | 房屋倒塌、山体崩裂、岷江咆哮，死伤无数 |
| 1786-06-01 | 泸定 | 7.7 | 山体崩裂，阻断河流，水位上涨，形成堰塞湖，沿河田地多淹没，10d后溃决，下游村落冲刷殆尽，人员伤亡23万 |
| 1856-06-10 | 黔江 | 6.3 | 山崩堵塞溪口形成的小南海堰塞湖，坝长1170m，高67.5m，宽1040m，于2001年被设立为“国家级地震遗址保护区” |
| 1917-07-31 | 大关 | 6.8 | 回龙溪两山并合，阻拦河水，倒流十余里，淹毁房屋无数，人员伤亡数百户 |
| 1933-08-25 | 叠溪 | 7.5 | 岷江3处堵塞，断流43d，江水逆流20km。45d后溃决，沿途水毁村庄、农田无数，洪水到达1000km外的宜宾市 |
| 1970-01-05 | 海通 | 7.7 | 截断河流、蓄水100余万方，淹没农田$270hm^2$ |
| 1970-02-24 | 大邑 | 6.5 | 山体崩塌，形成长150m，宽40m，高10m的天然堤坝，堵塞河道形成堰塞湖，蓄水1万$m^3$，后漫坝溃决 |
| 1976-08-16 | 松潘 | 7.2 | 形成6个地震滑坡堰塞湖，其中最大的白岩海子长3000m，宽500m，深30m |
| 1976-11-07 | 盐源 | 6.7 | 截断甲米河，形成高达74m的拦河堰坝，堵成宽约90m，深约60m，长达8km的地震滑坡堰塞湖，堵河3d之后自然溃决 |
| 1989-09-22 | 小金 | 6.6 | 截断抚边河，淹没小金至马尔康公路，中断交通3d；约$1500m^3$泥石流冲入牛厂沟，形成堰塞湖 |
| 1998-11-19 | 宁蒗 | 6.2 | 云南省宁蒗县因山体滑坡阻塞河流，水位上升形成小水库，威胁下游村寨安全 |
| 2008-05-12 | 汶川 | 8.0 | 形成256个堰塞湖，库容百万立方米以上的堰塞湖多达34个，并集中分布在大于等于Ⅺ度的高烈度区[2] |
| 2014-08-03 | 鲁甸 | 6.5 | 截断牛栏江，蓄水6000万$m^3$，淹没农田1350亩，房屋368间 |

滑坡堰塞湖的形成一般需满足三大条件：①具有足够能量、规模的地震或降雨影响区内有河流经过；②河道两侧有结构相对松散的高陡山体；③滑坡崩塌体进入河道，并堵塞河流。若地震发生在雨季或震后连降大雨，则形成滑坡堰塞湖的概率将增大，溃坝产生的次级洪涝灾害的危害性也随之增加[8-9]。

滑坡堰塞湖灾害链是由地震、降雨或山洪触发的含有堰塞湖关键环节的灾害链条，是一种影响深远、破坏严重的灾害链形式，灾害链形式有：崩塌（滑坡）—堰塞湖灾害链、崩塌—滑坡—堰塞湖灾害链和崩塌—滑坡（泥石流）—堰塞湖—洪水（更大泥石流）灾害

链，其中崩塌—滑坡（泥石流）—堰塞湖—洪水（更大泥石流）灾害链包含4个演化环节，是演化最为彻底、最为复杂的山地灾害链形式[10-11]。滑坡堰塞湖灾害链一般具有如下特点：①堰塞湖在灾害链上是核心环节，发生突然，危害巨大；②各灾害环节存在物质、能量、信息的传递和转化，具有明显的关联性；③地处偏远、交通不变，及时准确获取水文地质资料困难；④灾害链物理力学过程及机理极为复杂，给地质灾害的防灾减灾工作造成极大困难。相对于单个灾害，灾害链间的演化条件较低，不确定性较大，给抗震救灾和恢复重建带来了巨大的挑战[12]。如1933年，叠溪地震诱发滑坡截断岷江形成多个堰塞湖（海子），45d后一个堰塞湖发生漫顶溃决，引发其他坝体的连锁性溃决，吞噬下游村寨、农田，人员伤亡2万人以上，溃坝洪水影响区域远达下游1000km多的宜宾市；1967年，雅砻江唐古栋堰塞湖形成9天后发生溃决，下游洪峰流量达5.7万$m^3/s$，下游两岸表层覆盖物冲刷殆尽，溃坝洪水影响区域远达下游1700km的重庆市。

### 1.1.2 研究意义

西南地区山高谷深、沟壑纵横、江河湍急，同时气候温润、降雨丰富，地质灾害频繁，为滑坡堰塞湖的形成提供了有利条件[13]。滑坡堰塞湖大多位于人迹罕至的高山峡谷地区，勘察条件恶劣，缺乏详细的水文地质资料，而且绝大部分堰塞湖寿命较短，在一天之内即发生溃决，堰塞坝的特征及溃决方面的研究受到较大限制[14]，多作为土石坝处理。然而，土石坝是一定级配的土石料经过人工碾压而成，并设有一定的泄水措施，堰塞坝却是由山体崩塌、泥石流等进入河道，结构散乱，未经碾压，无泄流通道，更易发生破坏，结构上和土石坝存在较大差异。同时，滑坡堰塞湖的发生、发展、消亡等过程是一个系统的不可分割的整体，而目前人们对于滑坡堰塞湖的研究往往只集中于链上某一环节，人为地割裂各灾害的传承关系，给合理地了解灾害的发生过程、提出科学的防灾减灾措施带来较大困难。因此，针对堰塞坝的结构特点，对其形成过程、破坏特征及致灾机理进行研究，具有重大意义。

本书结合滑坡堰塞坝现场考察结果，开展了大量室内试验和数值模型计算，分析了滑坡堰塞湖灾害链各环节的成灾演化特点、诱发条件及关键演化致灾规律，在灾害风险评价的基础上提出了滑坡堰塞湖灾害链的综合防灾、减灾的思路与措施，并应用于红石岩堰塞湖灾害分析，对于全面了解堰塞坝形成机理、破坏过程、参数演变和应急管控具有一定的理论和实际价值。

## 1.2 国内外研究现状及存在问题

滑坡堰塞湖灾害链是地震、降雨等灾害的产物，其危害甚至超越地震、降雨本身，了解滑坡堰塞湖的形成机理、破坏过程及致灾后果，并提出相应的控制措施极为必要[15]。目前，国内外科研工作者对其进行了广泛研究，并取得了一定的研究成果。

### 1.2.1 滑坡堵江机理研究

滑坡堵江是一种高山峡谷地带广泛发育的自然灾害，时有发生，是固体物质在降雨、地震等外力触发下进入河道，阻塞河流而形成，最高可达数百米，其危害性较大。20世纪70年代中期开始，滑坡堵江现象受到各国地质工作者特别是水电工程地质及环境地质学者的广泛关注[16-17]。

1986年，Schuster和Costa在美国2200万$m^3$的滑坡体堵塞Spanish Fork河这一事件的启发下，收集了各国184个滑坡堵江事件并编制了《世界滑坡堵江目录》，对各堵江事件进行分类，分析了各类堵江的基本特征，提出降雨、地震是滑坡堵江的主要原因[18]。1996年，Swanson分析了日本Totsu河流域因暴雨造成的53个滑坡堵江事件，并根据其与河流的关系，把滑坡堵江坝分为6类：不完全堵塞、完全堵塞、宽厚的堆石坝、两岸滑坡形成的堰塞坝、一次滑坡形成多个坝、水下暗坝[19]。1998年，奥地利的Weidinger以喜马拉雅山的两个典型滑坡为研究对象，分析了其形成条件、物源条件及堵江物质的稳定性等[20]。1999年，德国Trauth等分析了阿根廷西北部某一滑坡堵江事件的形成条件及存在时间，并系统提出区内暴雨周期分布[21]。2007年，阿根廷Moreiras基于安第斯山脉中心的Cordon del Plata河的滑坡堵江事件，分析了其与地震、气候、地层、岩性等的关系[22]。此外，新西兰、印度、巴基斯坦、巴西等国都对本国滑坡堵江事件进行了基础性调查，主要是滑坡堵江识别、滑坡堵江发生过程及其特征、滑坡堵江洪水估算及滑坡堵江危害与防治等[23-24]。

我国的滑坡堵江研究较晚（20世纪80年代末），但由于我国滑坡堵江事件的多发性，部分大型滑坡堵江事件引起全国的高度重视，吸引了众多专家学者对其密切关注，并取得了一定的研究成果。1988年，卢螽猷基于12个典型滑坡堵江事件，分析了堵江状况、堵江特征及致灾后果，初步预测了我国滑坡堵江的分布[25]。1992年，李娜对云南境内的金沙江、澜沧江、怒江等河流及其支流进行调查分析，预测了滑坡堵江的分布及灾害[26]。2000年，柴贺军等基于160个堵江滑坡事件，对我国滑坡堵江分布规律进行分析，提出了我国滑坡堵江的6个主要分布区域——青藏高原东南部、横断山区、川-鄂山区、秦岭大巴山区、西北高原、台湾山区，发现滑坡堵江分布与降雨分布、地形地貌、断裂分布、地震活动和地层岩性有关[27]。同年，柴贺军等基于滑坡堵江生成条件、时空分布、环境灾害链等研究成果，提出了滑坡堵江灾害的发生演化规律，初步评价了滑坡堵江对大型天然水库的生态环境影响[28]。2006年，严容通过对我国大量的堵江事件进行统计分析，发现滑坡堵江比例占65%，崩塌堵江占23.5%，泥石流堵江占1.65%，同时，堵江事件90%以上发生在东经20°～35°及95°～110°，成带成群出现[29]。总之，目前对堰塞湖形成的研究较浅，主要集中在滑坡堵江的识别、堰塞坝的形成及特征描述等方面，对滑坡堵江机理还有待深入研究。

### 1.2.2　溃坝机理研究

人类的发展史就是人与自然灾害不断抗争的历史。在各种各样的自然灾害中，洪水灾害是损失最大、殃及范围最广的灾害，其中大坝溃决，尤其是堰塞坝溃决，导致的突发洪水灾害最为严重[30]。

近年来，广大科研工作者对溃坝过程及溃坝机理进行了广泛的探索和研究，开展了一系列的溃坝模型试验和原型观察工作。1965年，Cristofano假设溃口宽度不变且为梯形，不考虑边坡冲蚀，建立了第一个模拟土石坝逐渐冲蚀破坏的模型[31]。1967年，Harris与Wagner在Cristofano模型基础上提出了溃口抛物线形概念，假设底宽为深度的3.75倍，

边坡为45°[32]。1981年，Lou通过剪应力分析及冲蚀理论提出了溃口形状的解析解，提出了一个漫顶土石坝逐渐溃决模型[33]。1982年，在Saint－Venant方程和不连续波方程的基础上，谢任之分析了溃坝的连续波、临界波和不连续波，提出了坝址最大流量的统一公式[34]。1984年，Nogueira提出由有效剪切应力确定溃口横断面形状的理论[35]。同年，Fread综合考虑了水力学、泥沙输移、土力学、大坝几何尺寸、水库库容特性以及入库流量随时间变化等相关过程，建立了BREACH数学模型，该模型包括7个部分：溃口形成、溃口宽度、库水位、溃口泄槽水力学、泥沙输移、突然坍塌引起溃口的扩大、溃口流量的计算[36]。同年，Fread又基于"溃坝的溃决参数来模拟溃坝洪水"这一理念，在知道溃口形成时间和最终形状的基础上，把溃口的发展过程概化为随时间发展变化，提出了DAMBRK溃坝模型，其包括溃口的时空破坏模型、溃口流量、下游洪水演进等3部分，该模型简单、实用，是目前最全面、最详尽的溃坝计算模型[37]。1996年，Singh开发了BEED模型，将溃口断面假定为梯形，并且把溃口沿河槽轴向分为两部分：坝顶水平溃口段以及坝后溃口槽[38]。1988年，Boriech等基于大量的工程经验，提出了预测"陡坎"冲刷速度的预测模型，该模型简单易用，但忽略了大量的影响因素，可靠性较差[39]。1998年，Fread基于BREACH和DAMBRK模型，提出了便于用户应用的新的水力模型——FLDWAV模型。2001年，Handson等通过漫顶溃决试验，分析了土石坝漫顶溃坝机理，认为漫顶水流在陡坎中形成旋流的剪切力垂直冲刷侵蚀坝底，且侵蚀程度随流量的增加而迅速加大，进而使跌水面的细沟逐渐变大，最终导致坝体坍塌溃决[40]。2013年，陈华勇等通过试验研究，分析了不同溃决模式下溃口发展规律[41]。

溃坝问题涉及水文学、泥沙动力学、岩体力学、土力学、水力学等多个学科，目前溃坝研究主要是针对于土石坝，且主要集中于溃决过程描述和预测，对于溃坝的机理研究还不够完善，同时，很多堰塞坝的研究也采用土石坝的方法，由于与人工土石坝相比，堰塞坝松散、杂乱的结构及缺乏额外的泄洪通道使研究结果存在一定的偏差。

### 1.2.3 溃坝洪水研究

溃坝洪水的研究，主要针对溃口洪峰流量和下游洪水演进两大部分。目前，国内外对溃坝洪水研究较多，由于原型观测受到实际条件影响较多，目前主要采用室内外试验、数学模型和数值模拟等方法进行研究。

1. 室内外试验研究

室内外试验因其直观、形象，更易于被人接受，同时为数值计算提供了相应参数。20世纪50年代，美国学者做了现场1∶2大比尺试验在内的大量土石坝溃决试验，分析了土石坝的溃决规律[42]；20世纪60年代，奥地利学者也开展了类似的土石坝溃决模型试验，最大高度达到5.5m，结果表明溃坝时间比尺基本一致，坡度较缓的坝体其溃决的临界水头越高[43]；1984年，杨武承针对鸭河口水库开展了比尺为1∶2～1∶32等30余组溃坝试验，分析了溃口形成规律及比尺关系[44]；1978年，郝书敏依托南山水库开展了现场坝体冲刷试验，分析了水头和防渗形式对坝体溃决的影响，并通过小比尺试验建立了冲刷率与模型比尺的关系[45]；20世纪90年代开始，欧美国家提出了美国国家大坝安全计划NDSP、欧洲IMPACT以研究溃坝机理，其中，IMPACT项目通过5组大比尺试验和22组小比尺试验，分析了不同坝型、不同材料、不同溃坝模式在坝体溃决过程中的响应，提出了土石坝的溃决机理[46]；1992年，Bellos等在二维溃坝试验中，观测弯曲渠槽中各断面的水位变化，并改变河槽糙率分析曼宁糙率值，同时观测试验过程中的涌浪传播规律[47]；2002年，Frazao和Zech利用摄影的方法，在90°急弯的河道模型中进行试验，分析了河道各部位的水位变化过程，采用PTV技术测量了其表面流场[48]。

虽然目前物理模型试验开展了大量工作，并取得丰富成果，但物理模型的研究受模型比尺和试验条件的限制（时间成本、人力成本较高），大规模推广较困难。

2. 数学模型研究

数学模型是溃坝洪水研究较常用的方法。1871年，法国科学家Saint-Venant基于连续方程和运动方程，提出了Saint-Venant双曲型拟线性偏微分方程组[49]，限于人类计算水平的时代限制，其只能获得一些非常简单案例的理论解析解。

自19世纪末以来，国内外科研工作者在Saint-Venant方程基础上，做了大量的假设，提出了多种溃坝洪水及其演进的数学计算模型。1892年，Ritter基于浅水方程，将河道简化为平坦、无摩擦、无限长的棱柱形，提出了Ritter瞬间溃坝问题理论解[50]。1952年，Dressler把河道简化为平底、有摩擦的棱柱形河道，提出了瞬间全溃水流一阶摄动解，并将其推广到斜坡河道[51]。1957年，Stoker结合溃坝不连续波和溃坝连续波理论，提出了溃坝波Stoker解[52]。1970年，Su和Barnes把Dressler的溃坝水流一阶摄动解推广到不同断面形状的棱柱形河道，提出了三角形、矩形和抛物线形等断面的一阶摄动解[53]。1980年，林秉南等基于应用特征线理论和Riemann方法，提出了长棱柱形水库的溃坝波对称解[54]。1982年，谢任之基于Saint-Venant方程，提出可用于计算瞬时溃、逐渐溃、部分溃、全溃等的溃坝水流“统一公式”，随后，对“统一公式”进行了简化和拓展延伸，分析了平底有摩擦河道瞬间全溃的一阶和二阶近似解，并提出了相应的渐进解[55]。1988年，伍超和吴持恭采用溃口组合方式，提出了任意形状溃口的溃坝特征数，其能够反映复杂溃口的溃决过程和水力特点[56]。2008年，Ancey等提出了任意坡度斜底河道的溃坝洪水解析解[57]。数学模型解析解具有方程简单，计算方便，是目前研究溃坝问题的主要手段，有利于制定应急防洪措施、控制和减少灾害损失，因而在理论上和实用上都有着重要的意义。但由于其大多是建立在某些假设基础上的，计算结果并不稳定，有待进一步提高。

3. 数值模拟研究

数值模拟技术的发展，受制于计算机水平，早期的溃坝洪水计算通常需进行大量简化，然后再计算其解析解，很难应用于自然条件下具有真实地形的溃坝水流模拟。20世纪80年代以来，由于计算机技术的快速发展和数值计算能力的提高，溃坝洪水数值模拟技术得到了较大发展，数值模拟逐渐成为溃坝洪水研究的主流[58-59]。

目前，数值模拟方法大多基于动力学方程，主要可以分为特征线法、有限差分法、有限元法、有限体积法等四种。溃坝数值模拟起源于20世纪50年代，1986年，Garcia和Kahawita采用一维无摩擦溃坝解析解验证了数学模型的数值解[60]。同年，Katopodes和Wu采用二维溃坝平底模型验证了数学模型的数值解[61]。Alcrudo等（1993）在任意的大断面形状中推广一维Roe格式[62]。1992年，Toro在求解二维溃坝问题时采用了有限差分法WAF（weighted average flux），表明WAF可以用来求解高梯度与非线性强问题[63]。

1994年，Zhao等采用Osher格式建立了有限体积模型，并应用于美国佛罗里达州的Kissimmee河的水流模拟计算[64]。1995年，胡四一等采用Osher格式，引入逆风的概念至非结构网格，进行了长江口2D浅水流动水位模拟[65]；2000年，Wang等采用TVD格式分析了溃坝流动问题，针对多种限制函数进行求解，反映了其具有较高精度和稳定性，并应用于二维求解[66]。同年，Tseng和Chu利用有限差分法，结合MacCormack和TVD方程，计算了一维溃坝问题及其上下游不同水深，有效抑制了激波发生处的物理振荡[67]。2002年，Valian等利用有限体积法分析了二维浅水波方程，并应用于法国Malpasset的溃坝模拟中，计算结果和实际值相吻合[68]。

虽然溃坝洪水数值模拟技术取得了较大的发展，但溃坝洪水的复杂性和不确定性在一定程度上阻碍了其发展，包括：①溃决过程复杂，溃决机理有待进一步深入；②溃坝洪水为非恒定流，洪水中挟带大量的泥沙；③溃坝涉及多个相关系统，如溃口发展、水沙运动、水流冲击等。目前，我国溃坝洪水的数值模拟处于快速发展阶段，但仍不够系统和全面，严重滞后于溃坝洪水预测和防灾减灾工程实际需要。

### 1.2.4　堰塞湖灾害链研究

一个自然灾害发生后，往往会诱发一些次级灾害，所谓“祸不单行”，如大灾之后有大疫，地震诱发滑坡、泥石流等次生地质灾害，台风诱发洪水、滑坡等次生气候灾害，大气变暖诱发干旱、洪灾等气象次生灾害，灾害程度和范围进一步扩大，构成具有因果关系的灾害链，如寒潮灾害链、地震灾害链、暴雨灾害链、干旱灾害链等。各灾害间相互联系、相互影响，通过能量守恒、转化传递及再分配，使单一灾害转向灾害链[69]。国内外学者郭增建、文传甲、肖盛燮、史培军、Carpignano等依据各自的研究方向，对灾害链进行定义[70-74]，如表1-2所示，并且归纳出5种灾害链：因果型灾害链（成因相连）、同源型灾害链（成因同源）、重现型灾害链（重复出现）、互斥型灾害链（一种发生另外一种不发生或减弱）、偶排型灾害链（灾害链间存在偶然性）。

**表1-2　灾害链典型定义**

| 研究方向 | 概　念 | 文　献 |
|---|---|---|
| 传统文化 | 灾害链是一系列灾害相继发生的现象，包括因果、同源、重现、互斥、偶排 | 郭增建等，1987 |
| 系统结构 | 一种灾害诱发另一种灾害的现象，其强调了各灾害间的因果关系 | 文传甲，1994 |
| 系统灾变 | 灾害链是将宇宙间各类灾害，概况为单一灾种或多灾种的形成、转化、分解、合成、耦合等相关物化流、信息流的过程 | 肖盛燮，2006 |
| 地理学 | 由某一种致灾因子引发的一系列灾害现象，分为串发性和并发性两种灾害链 | 史培军，1991 |
| 风险评估 | 灾害链是灾害事件间的激发作用形成的多米诺现象 | Carpignano等，2009 |

堰塞湖灾害链是一种典型的因果型灾害链，在能量转化和传递的过程中发生灾害传递，如1933年8月25日，四川7.5级叠溪大地震诱发了大量的滑坡灾害，并堵塞岷江河道形成3个堰塞湖，45d后，大坝发生溃决，伤亡2万余人，影响范围1000余km[75]；2000年4月9日，西藏易贡发生特大滑坡，堵塞易贡藏布，形成堰塞湖，6月10日堰塞湖发生局部溃决，下游洪峰流量达12.4万$m^3/s$，对下游河道产生严重冲刷，洪灾对下游甚至印度带来了巨大损失，河流两岸形成了大量新的滑坡、坍塌灾害[76]。

堰塞湖灾害链的种类繁多，站在灾害链的角度，分析各灾害间的演化并提出断链措施，比研究单个灾害意义更大。国内外针对堰塞湖灾害链研究做了大量的工作。20 世纪 80 年代，戴荣尧与王群对溃坝泥石流灾害链进行了调查和总结，分析了堰塞坝的溃决机理，对溃坝洪水的危险性进行评判并预测溃坝洪水规模[77]。1999 年，吕儒仁基于据统计调查结果，综合分析了藏区堰塞湖溃决泥石流的形成条件，并提出了“水枕机制”和“应力释放”两种气候成因理论[78]。2012 年，尹卫霞等基于灾害系统理论，分析了地震灾害链梳理和区域对比，探讨了不同灾害系统下的灾害链致灾过程[79]。2013 年，钟敦伦等分析了山地灾害链的特点，并根据致灾因素不同，将其划分为三大致灾类型：地球内营力作用、外营力作用和人为作用，并在此基础上进一步将其细分成 8 个亚类和 128 种灾害链形式[80]。

地震滑坡堰塞湖形成与演化灾害链发生突然，且大多发生于高山峡谷地区，观测困难，目前该方面的研究较少，主要研究工作侧重于过程描述，对于断链研究较少涉及，因此堰塞湖灾害链机理和断链方面的研究有待进一步深入。

## 1.3　主要研究内容

本书结合西南山区滑坡堰塞湖现场考察结果，开展了大量室内试验和数值模型计算，分析了滑坡堰塞湖灾害链各环节的成灾演化特点、诱发条件及关键演化致灾规律，提出了堰塞坝灾害链的综合防灾、治灾措施，并应用于红石岩堰塞坝分析中。本书共分 7 章，具体如下。

第 1 章　绪论：主要介绍本书的写作背景及研究意义，并简要回顾国内外滑坡堰塞湖灾害链中滑坡堵江机理、溃坝机理、洪水演进模式及灾害链传递的研究现状。针对目前研究中存在的问题，提出本文的主要研究内容及研究思路。

第 2 章　滑坡堵江机理：基于大量文献的归纳总结，分析西南山区滑坡堵江的形成条件和分布规律；通过室内试验和数值模拟，了解地震、降雨、山洪等外力诱发滑坡堵江的机理及相关影响因素，为堰塞坝灾害链的预防提供依据。

第 3 章　滑坡堰塞坝灾害链演化物理模型试验：基于大量的文献总结和现场考察，分析滑坡堰塞湖溃决形式及影响因素，重点分析滑坡涌浪对堰塞坝稳定性的影响，并通过室内试验分析堰塞坝的溃决方式和溃口发展过程，根据研究结果，提出合理的堰塞湖应急处理措施，为后续溃坝洪水的研究奠定基础，为滑坡堰塞湖防灾减灾的应急治理提供理论依据。

第 4 章　堰塞坝溃决洪水演进及水动力学分析：基于堰塞体溃口形态特点，结合能量方程、动量方程、连续方程，分析堰塞湖溃决后的洪水灾害，提出溃坝洪水演进模型及其冲击荷载模型，分析溃口形态、河流水动力条件在其中所起的作用，为堰塞湖灾害的风险评估及防灾减灾提供理论依据。

第 5 章　堰塞湖灾害链断链机制及控制：结合滑坡堰塞湖灾害链的特点，分析灾害链各环节的演化关系及其生态环境影响，了解灾害链的形成过程；采用 AHP 层次分析法和模糊隶属度函数建立堰塞湖灾害链风险评价体系，在此基础上提出相应的灾害链控制（断链）措施。

第 6 章 案例分析——红石岩滑坡堰塞湖：针对鲁甸地震诱发的红石岩堰塞湖案例，结合前文理论成果，对特定的滑坡堰塞湖形成过程及溃决风险进行分析，预测溃坝洪水的演进特点，进而提出具体的防灾减灾措施。

第 7 章 结论与展望：总结归纳本书的主要研究工作及创新性成果，并指出研究工作中存在的问题和不足，在此基础上提出后续工作的方向。

## 1.4 研究方法与技术路线

### 1.4.1 研究方法

滑坡堰塞湖灾害链是一个连续的、因果链式过程，每个环节都有自己的形成条件和形成机理，研究了解各环节的发生条件和形成机理对于其综合性治理具有重大意义。本书研究方法主要包括：

（1）资料收集与归纳：通过现场资料的收集和大量文献资料的归纳总结，掌握滑坡堵江的类型与分布规律、堰塞湖溃决的主要方式及影响因素、溃坝洪水的常见评估模型，以及目前西南山区滑坡堰塞湖灾害链的研究现状（优点与不足），使工作建立在最新研究动态基础上。

（2）室内试验：通过对现场调研、文献资料的收集、归纳，了解滑坡堰塞湖灾害链常见发生机理与模式，采用室内水槽试验进行物理力学试验，研究滑坡堵江及堰塞坝溃决的发生机理与影响因素，提出合理的堰塞湖应急处理措施，为滑坡堰塞湖防灾减灾的应急治理提供理论依据。

（3）理论分析：总结前人研究成果和实践经验，分析溃坝洪水的演进机制，了解其形成过程和致灾范围，结合灾害链间灾害的承接关系，提出可靠、实用的灾害分析模型，为快速分析灾害特点及规模提供依据。

（4）数值模拟：基于 Saint - Venant 的连续方程和运动方程，结合水固耦合碰撞模型（general moving object，GMO）和湍流模型（renormalized group model，RNG），分析滑坡堵江堰塞湖的形成过程及溃坝洪水演进特点，为堰塞湖灾害链的综合治理提供参考。

（5）工程应用：结合鲁甸地震诱发的红石岩堰塞湖实例，把理论研究成果运用于实际工程，提出具体的控制方案，解决实际问题。

### 1.4.2 技术路线

由于地质构造运动影响，西南地区地震频繁，河流两岸松散体众多，在地震、降雨等外力干扰下易发生滑坡堵江事件，进而演化为堰塞湖灾害链，其致灾范围和损伤程度往往比地震、降雨大得多。本书以滑坡堰塞湖的形成、溃决及溃坝洪水动力响应为重点，灾害链的形成与控制为核心，通过分析滑坡堵江与堰塞坝溃决的影响因素，研究各灾害间的联系，在此基础上，提出滑坡堰塞湖灾害链演化机制及控制措施，技术路线如图 1-2 所示。

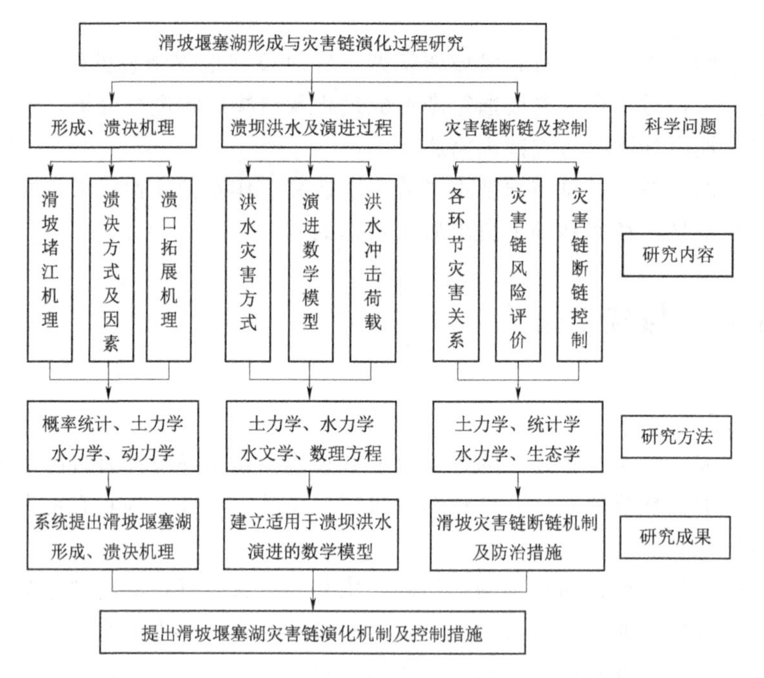
滑坡堰塞湖形成与灾害链演化过程研究
形成、溃决机理
溃坝洪水及演进过程
灾害链断链及控制
科学问题
滑坡堵江机理
溃决方式及因素
溃口拓展机理
洪水灾害方式
演进数学模型
洪水冲击荷载
各环节灾害关系
灾害链风险评价
灾害链断链控制
研究内容
概率统计、土力学
水力学、动力学
土力学、水力学
水文学、数理方程
土力学、统计学
水力学、生态学
研究方法
系统提出滑坡堰塞湖
形成、溃决机理
建立适用于溃坝洪水
演进的数学模型
滑坡灾害链断链机制
及防治措施
研究成果
提出滑坡堰塞湖灾害链演化机制及控制措施

图1-2　研究总体框架

# 第2章 滑坡堵江机理

## 2.1 概述

我国是一个山地广泛分布的国家，山地面积占总面积的60%以上，并且大多分布于青藏高原及其次区域，该区域高山峡谷众多，且与喜马拉雅地震带重合，历史上多次发生大型地震。地震不仅带来大量直接的构筑物破坏及人员伤亡，还降低了河流两岸岩土体强度形成大量的松散体进而诱发滑坡堰塞湖，其以上游库区淹没及下游溃坝洪水的模式，进一步增大地质灾害的规模、延展致灾时空范围[81]。据不完全统计，近代以来，我国形成大型滑坡堰塞湖近200处，主要发生于6.0级以上地震区域，同时5.0级地震甚至4.5级地震也引发了滑坡堵江堰塞湖事件。地震震级越大、烈度越高，对山体扰动越大，形成滑坡堵江的概率越高。如2008年5月12日发生的汶川8.0级地震，烈度达到Ⅺ度，破坏地区超过10万$km^2$，诱发了1701处滑坡、1844处岩石崩塌、1093处边坡失稳以及大量的泥石流和堰塞湖，其中堰塞湖是影响区域最广、威胁最大的次生山地灾害。而滑坡堵江是滑坡堰塞湖灾害链形成的首要条件，因此，研究松散堆积体在地震、降雨等外力激发下，高山峡谷两侧的山体稳定及其滑坡机理、堵江过程极为必要。

本章通过大量的文献归纳，分析了我国西南山区滑坡堵江的类型及分布规律，并结合室内试验和数值模拟，重点分析了滑坡堵江的过程，在此基础上，探讨了滑坡堵江的控制因素，提出了滑坡堵江机理，为后续的堰塞湖阶段分析提供了条件。

## 2.2 滑坡堵江类型及分布规律

### 2.2.1 滑坡堵江类型及特点

在地震、降雨等因素作用下，河道两侧松散山体易进入河道，堵塞河流。根据滑坡体的规模和河道的宽度及水动力条件，产生的堵塞效果存在较大差异，主要可以分为两大类：全堵型和局部堵型，如图2-1所示。

1. 全堵型

全堵型是指滑坡体全部或部分进入河道，全断面的截断河流，形成天然的堰塞坝体，并把上游来水完全拦截在库区内。其大多是由位于滑动面剪出口之上的边坡松散堆积体冲破外界拦截，以一定的速度离开剪出口而高速下滑，因对岸边坡的阻拦在河床上堆积成坝。如果能量足够大，部分前缘物质将越过河道，在对岸堆积，形成更大规模的堰塞体。同时，部分滑坡体的后缘由于前缘的阻拦仍留在斜坡上，在外界干扰下，有再次下滑堵江的危险。

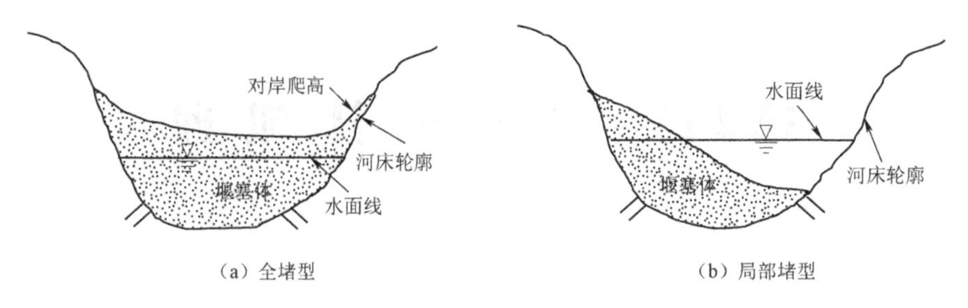


(a) 全堵型　　(b) 局部堵型

图 2-1　滑坡堵江模式

由于堰塞体的规模、结构强度、上游来水情况不同，其存留的时间各不相同，因此，按其存留的时间可以细分为永久性和短暂型，永久型一般厚高比较大，稳定性较强，水压力很难使其溃决，通过加固，可以加以利用，如旅游、发电、灌溉等。短暂型一般厚高比较小、孔隙率较大，在水压力或渗流的激发下容易溃决，Costa 等通过大量堰塞湖统计发现，90%以上的堰塞体都在 1 年内溃决[82]。

2. *局部堵型*

局部堵型是指滑坡体规模较小，或者河道较宽，流速较大，河道上堆积的堵塞体只占据部分过流断面而形成不完全堵江。由于局部堵体的存在，河水仍然能够通过，水位无法较大提高，但因河道的局部束窄，在上流来流量不变的情况下，流速将较大提高，冲刷性增强，大量松散堵塞体被水流带到下游淤积，同时，溃口不断冲刷变大，流速逐渐减小，直至水流无法冲动为止。相对而言，全堵型因河道被全部堵塞将抬高库区水位，甚至产生溃决洪水，其危害性较局部堵型堵塞体大的多。

此外，根据滑坡堵江物质组成，滑坡堵江可分为土质堵江、岩质堵江、混合式堵江；根据滑坡堵江规模可分为小型、中型、大型、巨型等四级堵江。

### 2.2.2　滑坡堵江形成条件

滑坡堵江是指由于地震及构造应力的影响，山体更加破碎，形成松散体，在地震荷载、强降雨、山洪等外力作用下失稳，然后发生崩塌、滑坡，进入河道堵塞河流的现象。其形成条件包括山体发生滑坡的地形、地质、地貌、河流水动力条件等内部控制因素和激发松散体滑动的如降雨、地震、人类活动等外部诱发因素。图 2-2 为一种典型的滑坡堵江。

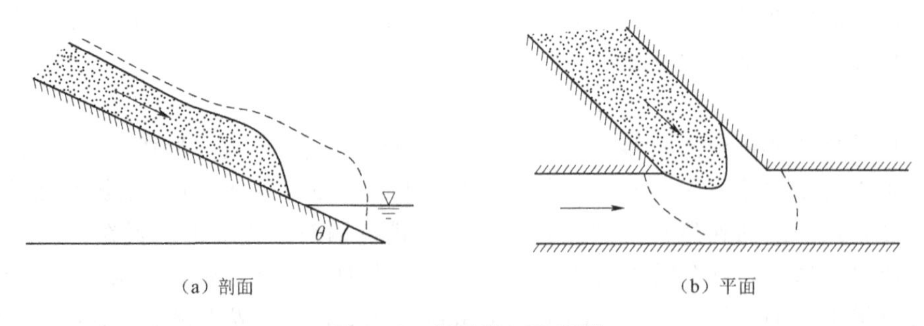


(a) 剖面　　(b) 平面

图 2-2　滑坡堵江示意图

1. 内部控制因素

地形地貌：地形地貌主要包括了山体坡度和河谷切割深浅程度，是滑坡堵江的空间因素。山体坡度直接反映松散体的稳定与否，大部分滑坡堵江发生在25°～45°，小于该区间的斜坡较缓，相对较稳定，大于该区间的斜坡大多在历次事件中已经先行下滑。河谷切割深浅决定了滑坡规模和滑移速度，切割越深，势能越大，松散体运动后的速度越大，对河床冲击越强烈。

地层条件：地层是影响滑坡堵江的重要因素，不同的地层滑坡堵江过程存在较大差异，如新生界的红层软岩、泥盆系的页岩、板岩等，强度较低，经常以斜坡主体或软弱夹层的形式存在斜坡中，大大降低了斜坡的稳定性，使其沿着软弱面滑动，并使覆盖于其上的堆积体协同滑动，而高强度的岩层，其稳定性相对较好，多以陡峭山体形式存在，破坏形式多为山体崩塌。

地质构造：地质构造对滑坡堵江的形成具有较大影响，且构造复杂的老地质层及构造运动强烈的新构造层发生滑坡堵江现象最为普遍。这类地质构造增大了应力集中的幅度，风化程度更高，岩土体更加破碎，发生滑坡的概率较大，尤其是大型滑坡。“5·12”汶川地震形成的大型堰塞湖区域内近40年内都有发生过滑坡堵江事件的记载，说明河流两岸存在不稳定坡体是堰塞湖形成的根本原因。

水动力条件：滑坡堵江的发生不仅和山体滑坡有关，也受河流条件限制，并不是所有的滑坡都能形成堵江，还和河流断面宽度、坡降等河床条件、河水能量等水动力条件有关。只有达到一定规模的岩土体才能导致河流截断，一般河流越浅、河床越窄，所需的方量越小，因而峡谷地带更易形成堵江[83]。

2. 外部诱发因素

地震作用：地震是滑坡堵江的重要诱因，很大程度影响滑坡堵江的发育分布情况。地震通过地震波的形式对斜坡进行破坏，瞬间内通过横波、纵波给予斜坡较大的冲击荷载，加剧了斜坡结构劣化，使其强度降低，结构松散，甚至提供山体下滑的初始能量，导致斜坡突然滑动，进而造成滑坡堵江。我国西南地区位于喜马拉雅地震带，滑坡堵江现象极为频繁，其中“5·12”汶川地震诱发了112次大型滑坡堵江事件。

降雨影响：水，包括地表水、地下水、自然降雨等，是滑坡堵江的重要触发因素，而突发强降雨的影响最大。短时间内降雨进入岩土体结构面内，并在滑坡贯通的结构面内流动，形成渗流，增大了内部的动水压力，同时，雨水对岩土体进行侵蚀和溶蚀，破坏了其内部结构，降低了结构强度，增大了岩土体自重，进而导致岩土体失稳下滑[84]。

人类活动：人类活动主要体现在新建水利工程抬高河流水位、不合理的岸坡开挖、加载等，使岩土体原本稳定结构发生了变化，增大了失稳风险。

### 2.2.3 滑坡堵江的分布规律

滑坡堵江是我国大多江河上典型的自然灾害，其在空间分布与时间分布上具有典型特点。

1. 空间分布

我国陆地按地势条件自西向东，可分为平均海拔4500m以上的第一阶梯（青藏高原）、平均海拔2000～3000m的第二阶梯（中西部高原盆地）以及平均海拔500m以下的

第三阶梯（东部平原、丘陵）。而滑坡堵江主要分布于第一、第二阶梯，东部地区较少。

区域集中：滑坡堵江主要分布于西部地区，主要介于东经 100°～110°[85]。由于地质构造运动的影响，该区域具备了高山峡谷的地形条件，同时，地质运动也诱发了大量的高烈度地震，近 10 年来，6 级以上地震发生多次，河流两岸的岩土体在地震荷载的反复作用下，强度降低，形成了大量的松散物质，使该区域具备了滑坡堵江的物源，因此，发生滑坡堵江的概率较其他区域大得多。各大地震几乎都诱发了不同规模的滑坡堵江事件。

流域群发：滑坡堵江事件在流域上成群、成带发生，通常一次地震在一条河流上可以发生多处滑坡堵江[86]。“5·12”汶川地震中，沱江流域滑坡堵江 16 座、嘉陵江流域滑坡堵江 22 座、涪江流域滑坡堵江 52 座、岷江流域滑坡堵江 14 座，图 2－3 为汶川地震诱发的部分堰塞湖。

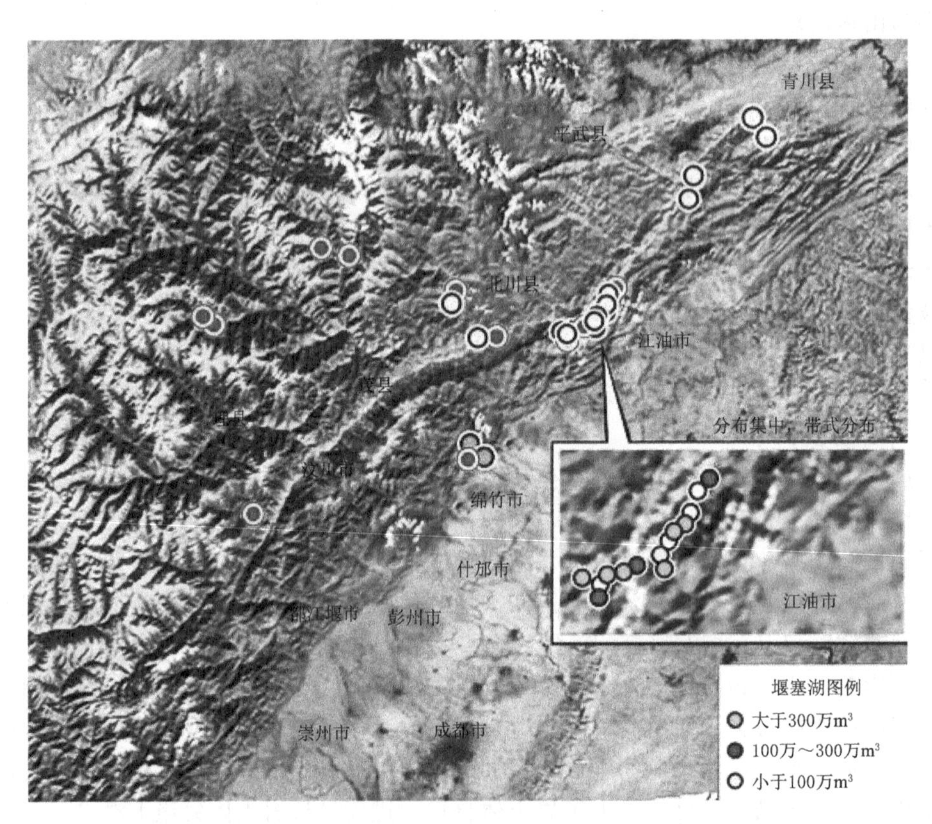


图 2－3　“5·12”汶川地震部分堰塞湖分布图（来自国土资源部）

2. 时间分布

滑坡堵江的时间分布和降雨与地震的发生时间基本是重合的，基于上述两个触发因素的特点，滑坡堵江具有周期性和集中性等特点。地震的发生规律较复杂，和地质运动有关；而降雨具有周期性，主要集中在 5—10 月的雨季，降雨量占全年降雨的 70%以上[87]。因此，降雨型滑坡堵江大多也发生在这个区间。

根据我国的地形地质条件和地震、降雨分布可知，我国滑坡堵江大多发生在地震频发的西南高山峡谷地区，尤其是 5—9 月的雨季，该地区滑坡堵江的物源丰富，峡谷密布，

在降雨或地震的触发下非常容易造成滑坡堵江灾害。

## 2.3 滑坡堵江试验研究

当斜坡为顺层斜坡时，在地震荷载、降雨、上游洪水冲击等外力及自重的作用下，形成向外的动力加速度，岩体发生断裂、破碎，并产生向临空面的位移，形成贯通的整体滑裂面，最终发生整体或局部下滑。为了了解多种工况条件下滑坡堵江的形成机理，开展了室内滑坡堵江试验。土质滑坡堵江是滑坡堵江的一个重要部分，汶川地震诱发的256个滑坡堰塞湖中，土质滑坡占了较大部分，因此本实验主要采用土石进行。

### 2.3.1 试验设置

研究过程中，制作了一套滑坡堵江装置，主要包括两部分：滑槽与河道。滑槽长10m，宽0.5m，坡度30°；河槽为梯形断面，底宽20cm，高50cm，坡度30°，坡降5%，上游侧为完全封口、下游侧封口高20cm，以保证河槽存在一定的初始水深，如图2-4所示。

图2-4 滑坡试验槽

(a) 正视图；(b) 俯视图；(c) 河床

为了模拟多种工况触发下的堆积体滑坡过程，在滑槽的上面顶端布设有长宽高各1m的水箱供水以模拟山洪触发山体滑坡（最大流量为2L/s）、上游滑槽5m内中间每25cm均匀布设一个降雨喷头以模拟降雨触发山体滑坡、滑槽中部背侧布置可调频的振动台（0～50Hz）以模拟振动荷载（模拟地震）触发山体滑坡，如图2-5所示。

### 2.3.2 试验方案

本实验主要模拟山洪、降雨、地震及相关组合工况下不同堆积体滑坡堵江的过程，实验中考虑了不同的触发因素、不同物质级配（粗细两种）、不同滑槽（光面滑槽、草皮垫

图 2-5　滑槽功能

(a) 试验振动台；(b) 柔性支撑；(c) 水箱；(d) 降雨系统

层）及不同滑坡高度等工况。

1. 物料级配

为了较真实地反映实际情况，试验材料取自“5・12”汶川地震灾区的清平乡文家沟泥石流沟道（“5・12”汶川地震后，该沟道多次发生泥石流，尤以2010年“8・13”大型泥石流最为出名），主要选取了沟道口的大粒径组和沟道中部的细粒组，受实验条件限制剔除40mm以上的颗粒，物料级配如图 2-6 所示。

(a)

(b)

图 2-6　试样

两种级配代表了两种工况，其中，细粒组主要以细粒为主，5mm以下的占84%，5～20mm的占13%，20～40mm的占3%。粗粒组含有一定量的大颗粒，5mm以下的占51%，5～20mm的占34%，20～40mm的占15%，如图 2-7 所示。

2. 试验方案

试验过程中，综合考虑了触发因素、物料（级配、方量）、滑槽糙率、滑坡高度等，并形成对照组，除去部分无效试验组，共有8组试验，试验方案见表 2-1。

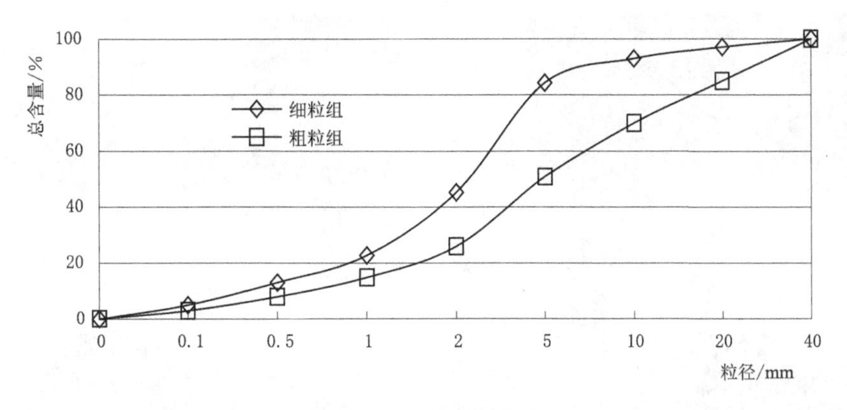


图 2-7 试验物料级配

表 2-1 试验方案

| 序号 | 触发因素 | 颗粒级配 | 物料方量/kg | 滑道垫层 | 滑坡位置 | 备注 |
|---|---|---|---|---|---|---|
| 1 | 振动 | 细 | 60 | 无 | 顶部 | 基础组 |
| 2 | 洪水 | 细 | 60 | 无 | 顶部 | 触发因素 |
| 3 | 降雨 | 细 | 60 | 无 | 顶部 | 触发因素 |
| 4 | 振动+降雨 | 细 | 60 | 无 | 顶部 | 触发因素 |
| 5 | 振动 | 细 | 120 | 无 | 顶部 | 考虑方量 |
| 6 | 振动 | 细 | 60 | 有 | 顶部 | 增大糙率 |
| 7 | 振动 | 细 | 60 | 无 | 中部 | 滑坡位置 |
| 8 | 振动 | 粗 | 60 | 无 | 顶部 | 考虑级配 |

物料配置好后，考虑到松散堆积体直接铺置在30°斜坡上很难保持自身稳定，所以在堆料时，在滑槽中设置挡板，并且施压静置待其初步固结，缓慢移去挡板，堆积体发生流线型变形，但除部分大颗粒下滑外，大体保持稳定，具备滑坡试验的条件，如图 2-8 所示。而对于大颗粒级配的物料，在移动挡板的瞬间，其自然下滑，因此，分析时只考虑了一组大粒径的试验。

试验开始时，水槽内充满水，使其初始深度为20cm，并采用水管以1L/s的流量自河槽端部顺河向注水，水体运动到下游时，自动溢出，形成动水。试验过程中，在水槽上游侧使用水位仪测量滑坡堵江前后的水位变化，水槽下游侧使用流速仪测量流速变化，在河槽上右下三点（入水点上游 0.5m、入水点、入水点下游 0.5m）布置孔隙水压计，测量滑坡堵江前后的孔隙水压变化，如图 2-9 所示。全程采用 DV 监测实验过程。

### 2.3.3 试验结果分析

#### 2.3.3.1 滑坡过程

1. 滑坡触发因素

滑坡触发是滑坡堵江的前提，结合工程实践和前人经验，主要考虑了振动、降雨、上游洪水下泄以及相互叠加等工况。图 2-10 为振动工况下 6s、25s、72s 时的滑坡运动情况。

(a)

(b)

图2-8 松散体堆积

(a) 初步堆积（有挡板）；(b) 自然稳定堆积（移去挡板）

图2-9 试验仪器

(a) 滑坡试验；(b) 数据采集仪；(c) 水位仪；(d) 孔隙水压计

如图2-10所示，滑坡体在地震提供的荷载作用下，稳定性发生破坏，锁固能量迅速释放，滑坡体向下运动（6s），并对后续堆积体产生牵引滑动效应，增大滑坡范围（25s）。滑坡体内部以及滑坡体与滑槽发生反复碰撞，滑坡体不断破坏、松散，形成“振动效应”（72s）。部分松散体由于摩擦阻力，运移较慢，在后续振动的作用下，形成坍塌分裂，对初级滑移体形成加载效应。堆积体在运动过程中，发生整体平摊趋势，重心下移，与滑

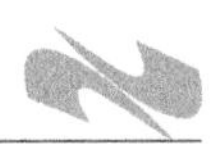

6s 25s 72s

图 2-10 振动触发滑坡（试验 1）

槽接触面增多，摩擦力增大，如图 2-11 所示。但由于振动荷载的持续作用，最终滑移体进入下游河道，对河床与对岸边坡产生一定的冲击荷载，使滑坡体进一步破碎、解体。

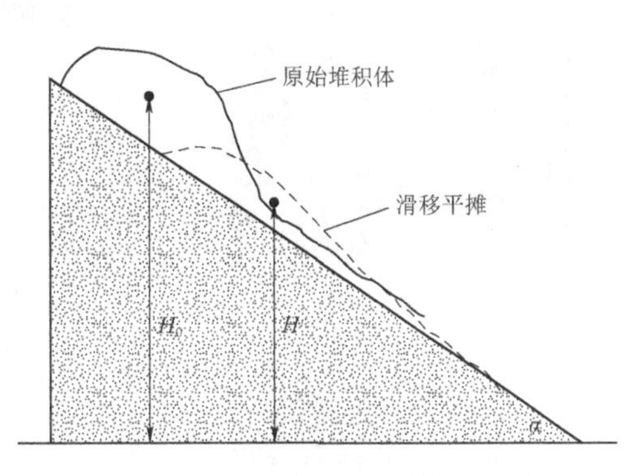


图 2-11 堆积体滑移平摊示意图

山洪触发山体滑坡是一种较常见的山区滑坡现象。山顶降雨的汇流或山顶水体（小型水泊溃决）的短时间释放，为下游松散堆积体提供了大量水源，增大其含水率、降低强度，同时产生较大的冲击荷载，这种情况极易诱发滑坡。图 2-12 为上游水体大规模下泄情况下的滑坡情况。

5s 20s 25s

图 2-12 上游洪水触发滑坡（试验 2）

如图 2-12 所示，上游洪水到达堆积体时，被堆积体拦截，水流对堆积体形成一定的冲击荷载，部分水体渗入堆积体中，使其质量增加的同时，降低了黏结强度，向下分力增大，当水体积累到一定程度时，在表面形成径流，进一步削弱了强度，最终发生整体式滑移，在后续水流的浸润、冲击下，堆积体与滑槽间形成一层水膜，摩擦力大大减小，滑移速度不断增大，并以较高速度进入下游河道，对河床与对岸边坡产生较大的冲击荷载，使滑坡体进一步破碎、解体。

降雨触发滑坡是滑坡常见的表现形式，在降雨过程中，水体不断被堆积体吸收，增大其自重。随着降雨的持续，堆积体中含水量逐渐增加，并达到饱和，在其内部形成渗流、表面形成径流，降低了滑坡体的强度，最终触发滑坡。

如图 2-13 所示，降雨触发滑坡后，滑坡体以饱水状态向下运动，堆积体在重力和动剪切力的作用下，孔隙水压力突然增大，局部出现液化现象。运动到滑槽底部时，在出口部位形成堆积扇，当积累到一定程度，在降雨形成的径流下，进入下游河道，阻塞河道。试验过程中，由于降雨历时较长，滑坡持续时间较长。

20s

180s

230s

图 2-13　降雨触发滑坡（试验 3）

地震时发生降雨是较常见的，由于地震导致到大量气胶微粒进入大气，加快了水蒸气的聚集，导致降雨的发生。地震、降雨叠加，加快了滑坡过程，如图 2-14 所示。

5s

20s

30s

图 2-14　降雨+地震触发滑坡（试验 4）

首先，地震导致堆积体失稳，产生滑移，整体性受到破坏，并出现平摊趋势，厚度减小。叠加的降雨更易渗入堆积体，加剧了自重增加、降强过程。但是，水流加强了滑移体细颗粒间的黏结力，使得滑移出现“滑而不散”的情况，最后在下游汇集。

通过分析不同触发因素下的滑坡启动及运动过程，结果表明，不同的触发因素，滑坡失稳过程存在较大区别，见表2-2。地震荷载瞬间传递给松散体的能量导致其锁固能量迅速释放，滑坡体失稳并且向下游运动，对后续的堆积体产生牵引滑动效应，加速滑坡体的破碎、解体；降雨能够增加堆积体的含水量，在增加滑体自重的过程中降低了其强度，同时水流不断汇聚，形成的内部渗流、表面径流将进一步削弱滑体结构；上游山洪对滑坡体构成一定的冲击荷载，部分渗水将增大滑坡体的质量并降低黏结强度，效果和降雨类似，但其提供的冲击荷载对滑坡体的稳定性影响更大。相对而言，山洪冲击下，滑坡更加迅速，所用时间较短，滑坡规模大而剧烈，振动荷载次之，降雨触发最小，当然，降雨+振动荷载吸收了两者的优点，其滑坡模式较两者更剧烈。

**表2-2　　不同触发因素诱发滑坡过程**

| 序号 | 触发因素 | 滑坡过程 | 致灾效果 |
|---|---|---|---|
| 1 | 振动 | 能量传递→锁固能释放→滑坡体失稳下滑→后续牵引效应→加速滑破碎、解体 | 严重 |
| 2 | 洪水 | 山洪冲击→滑坡体失稳下滑→水体入渗→黏聚力增大→滑而不散 | 很严重 |
| 3 | 降雨 | 降入入渗、汇流→滑坡体降强→自重下滑→松散平摊→间歇性破坏 | 较严重 |

2. 滑坡内在因素

堆积体的方量对滑坡的发生具有较大影响，方量的增加，意味着向下的分力增加。因此，在试验1的基础上进行了试验5（图2-15），增大了堆积体方量（60kg增至120kg）。该工况滑坡过程和试验3类似，但其规模更大，滑坡启动过程更短，在尾部堆积厚度更大，河道的堵塞越彻底。

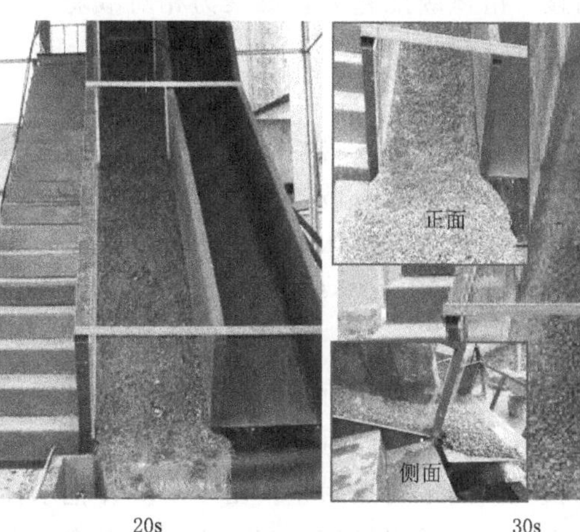


图2-15　堆积体方量对滑坡的影响（试验5）

为了分析不同滑槽糙率的影响，在试验1的基础上，在滑槽底部铺设一层地毯。增设地毯后，堆积体的初始稳定性较好，很少有颗粒滑动。在振动荷载作用下，堆积体稳定性发生局部破坏，产生了一定的滑动，但较无地毯模式（试验1）缓慢得多。

为了分析滑坡高度对滑坡过程的影响，在试验 1 的基础上，改变滑坡高度，把滑坡体设置在滑槽中部，由于堆积体颗粒较小，导致内部黏聚力增大，滑坡速度没有较大增长，和试验 1 类似。

3s

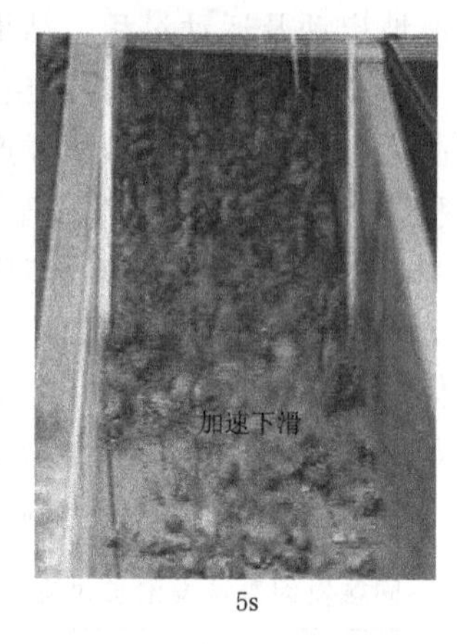

5s

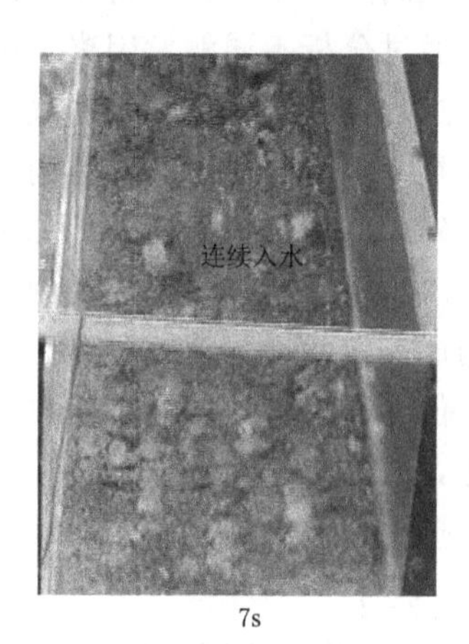

7s

图 2－16　堆积体级配对滑坡的影响（试验 8）

试验 8 在试验 1 的基础上改变了物料的级配，相对的大粒径颗粒增多，黏聚力相对减弱，挡板移开后，即解体，并且粒径较大的颗粒运动更快，位于滑坡体的舌端。整个滑坡历时 12s。其现象类似于高速远程滑坡。

通过分析不同方量、糙率、滑移高度、级配等滑坡内在工况，结果表明：滑体方量的增加也将导致向下分力的增加，失稳的过程更快，对河道的堵塞越彻底；河槽糙率，虽然对滑坡体失稳破坏影响较小，但能够延缓其向下运动，降低了全堵型堰塞体的形成概率；滑体落差直接影响滑动速度，然而试验过程中，由于堆积体粒径较小，内部黏聚力增大，其影响并不明显；滑体级配越大，黏聚力相对减弱，滑动摩擦转变为滚动摩擦，易导致滑体失稳，运动速度也较大。

#### 2.3.3.2　堵江过程

堵江是山区河流大型滑坡的结果，也是堰塞湖灾害的起点，堆积形态和堆积速度对后续的灾害影响较大。不同的滑坡产生的堵江情况不同，包括堵塞河道形成堰塞湖、形成水下三角洲或堆积扇、部分堆积体随水流运动等。现针对震动、降雨、洪水三种触发工况分别说明。图 2－17～图 2－19 分别为试验 1、试验 2、试验 3 的滑坡堵江效果，呈现出不同的堵塞现象。

如图 2－18 所示，在震动荷载及自重作用下，滑坡体高速入水，龙头部分因阻力增大而逐渐停止运动产生堆积，同时，后续的滑体不断涌出，堆积前缘不断扩展直到后续的滑体无法超过堆积表面的最高点为止。由于滑坡体把水体排开，水流迅速外溢形成波浪，且主滑方向的岩土体增加量明显高于其他方向，其激起的浪高和破坏力明显高于其他方向。由于滑移体以一定速度入水，在下落的过程中，向对岸抛射，因此堆积完成后，在滑坡侧形成为完全堵江现象。

如图 2－18 所示，滑坡体在洪水作用下，在薄弱部位（靠近中部）发生破坏，并形成水流通道，携带部分散粒体进入河道，同时留有大量的堆积体还分布于滑槽内两侧，即大

图 2-17 干堵（试验 1）

图 2-18 洪水冲击堵塞（试验 2）

图 2-19 未完全堵塞（试验 3）

量的散粒体并未入水，同时由于水流使部分散粒体随其运动，并未在滑槽正下方堆积，最终形成不完全堵江，并形成剧烈的紊流现象。

如图 2－19 所示，滑坡体在降雨作用下，滑坡体间黏聚力增加，滑动速度较慢，入水速度较小，先入水的散粒体在水槽内水流的作用下，向下游发生一定的位移，后续的散粒体填补其原有位置，最终导致不完全堵江。

其他各组试验产生了类似的现象，由于受滑坡速度、滑槽糙率、滑坡质量的影响，滑坡体进入河道后出现了全堵、局部堵等情况，见表 2－3。

**表 2－3　各试验组滑坡堵江现象统计**

| 序号 | 触发因素 | 历时/s | 堵江形态 | 滑坡堵江过程及现象 |
|---|---|---|---|---|
| 1 | 振动 | 98 | 全堵 | 堆积体解体，加速运动，逐渐进入河道 |
| 2 | 洪水 | 32 | 局部堵 | 剧烈冲刷，快速滑移，类似挟沙水流 |
| 3 | 降雨 | 280 | 局部堵 | 降雨入渗及汇流，增大内部黏聚力，滑移缓慢，分批入水，水流挟带平摊 |
| 4 | 振动＋降雨 | 52 | 局部堵 | 振动解体，降雨快速渗入，黏聚力增大，滑而不散，降雨汇流，分批入水，水流挟带平摊 |
| 5 | 振动 | 62 | 全堵 | 快速解体，滑体平摊，入水堆积叠加，截断河道 |
| 6 | 振动 | 420 | 局部堵 | 堆积体解体、滑槽平铺，缓慢入水；滑槽残留大量物质，入水物质较少，堵塞效果最差 |
| 7 | 振动 | 82 | 局部堵 | 堆积体解体，散体平铺，滑移速度较试验 1 差别不大，运距短、时间少 |
| 8 | 振动 | 12 | 全堵 | 瞬间解体，快速下滑，完全进入河道，堆积成坝，截断河槽 |

通过分析滑坡过程和堵江情况，堵江程度和滑坡过程存在内部必然联系，滑移越快，松散体质量越大，堵塞成坝的概率越大；相反，糙率越大，运动速度越小，其发生堵江概率越低。

#### 2.3.3.3　试验监测数据

滑体进入河道堵江后，对水体产生一定的扰动，并形成涌浪向四周传播，表现为水位的变化及孔隙水压力的变化。图 2－20 为滑体中间入水点上游 1m 处设置的水位仪获取的水位变化，图 2－21 为设置于河槽底部的孔隙水压力计测量的孔压变化（试验 1、试验 8）。

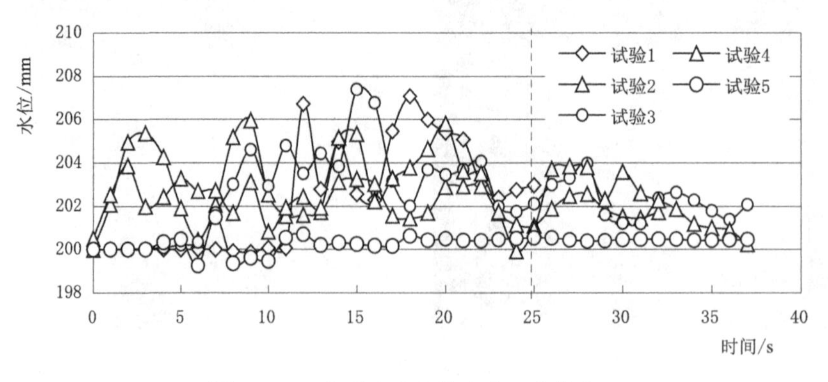


图 2－20　典型试验水位变化（水位仪）

如图 2-20 所示，在水位仪位置出现了多次峰值，且峰值经历了逐渐增大到快速减小的过程，各峰值频率也由大到小，再由小到大。这主要是因为波浪叠加及衰减的缘故，开始阶段的峰值主要为首浪传播到该处的值，后续由于次浪的不断形成及传播，与前浪发生叠加，峰值变大、频率变小，同时，涌浪在传播过程中，不断发生衰减，其峰值达到最大值后将不断减小，最终趋于平稳。

图 2-21 为河道内上中下各部位的孔隙水压力变化值。由于滑移体进入堵塞河道，导致上游水位的上升，孔隙水压力增大，而下游河道内水体深度维持在 20cm 左右，其孔隙水压力变化不大。相对于试验 1，试验 8 颗粒更大，运动速度较快，进入河道所需时间更短，相应的，其内部挤压更密室，高度相对较小，库区水位较试验 1 较低。

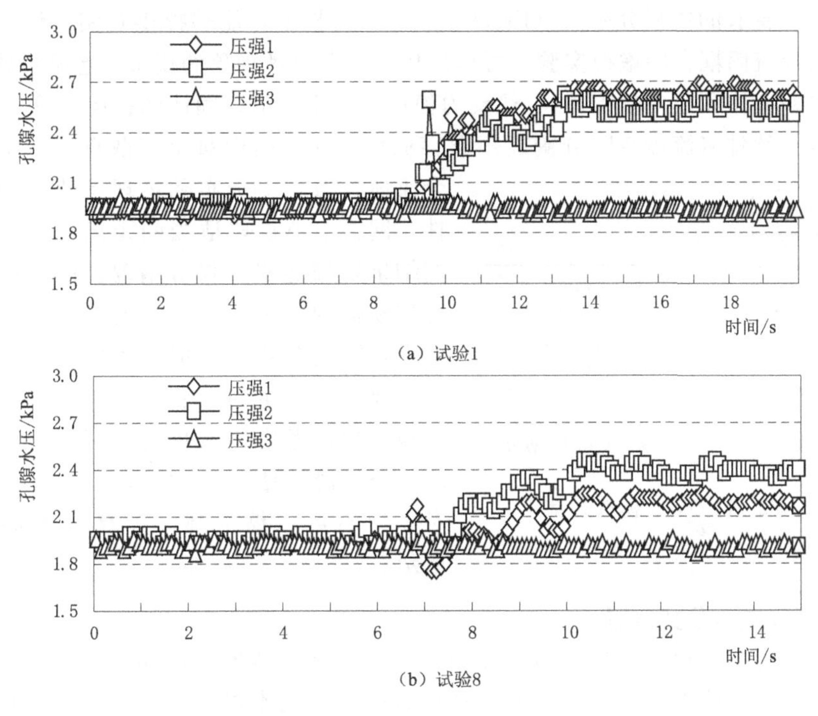


图 2-21 孔隙水压力变化

试验过程中，河道较小，产生的波浪紊动性较剧烈，并且激起大量的浪花，水流流态不稳定，流速仪测得的数据较紊乱，这里不进行分析。

## 2.4 滑坡堵江过程数值分析

### 2.4.1 模拟软件

由于滑坡堵江多发生在高山峡谷地区，人迹罕至，灾害预警成本较高且难度较大，人们很难目睹滑坡堵江的发生及运动过程，因此，采用数值模拟分析是一个较好的选择。

为了更好地了解滑坡堵江机理，在室内试验的基础上，采用 $FLOW^{3D}$ 软件对滑坡堵江过程进行模拟。$FLOW^{3D}$ 是美国 Los Alamos 实验室 C. W. Hirt 博士 1985 年在流体力学动力学法 VOF（volume of fluid）——自由表面跟踪技术的基础上提出的一款通用的计算流体动力学（computational fluid dynamics，CFD）软件，遵守 Navier - Stokes 数学方程，并于 2008 年引入中国。该软件基于质量守恒方程、动量守恒方程和能量守恒方程，采用数字技术分析流体运动方程，能够解决瞬态的、三维的多尺度、多物理量的流体问题，适用于各种各样的流体流动和传热问题，其提供了 symmetry 对称边界、continuative 连续、specified pressure 压力边界、wave 波浪边界、wall 固定边界、periodic 周期性边界、specified velocity 特定速度边界、outflow 出流边界等 8 种边界形式[88-89]。相对于 Fluent 软件，其前处理模块与计算模块在同一界面，使用方便，同时，在建模过程中，可以采用多种 CAD 软件建模导入，连通性强，模拟范围广。

FLOW$^{3D}$ 特有的体积分率法（Fractional）计算技术，能够提供真实、详尽的自由液面描述，适合流固耦合的虚拟实验，可以应用于复杂物理现象的模拟，包括冲刷模型、流体模型（牛顿流体和非牛顿流体）、热动力模型、化学反应、固体颗粒运动等[90]。

FLOW$^{3D}$ 软件将流体空间分割成矩形存储格，在网格中每个离散点上的值代表着每个流体参数，由于实际物理参数空间上的连续性，网格中节点取适当的距离可以得到代表性的结果来描述实际物理情况。网格的细化可以增加模拟的精确度，相对的将增加计算机硬件要求，因此在数值模拟过程中在精确度与硬件条件要选取一定的平衡[91]。本书采用 FLOW$^{3D}$ 模拟软件，考虑固液耦合 GMO 模块与冲刷模块，分析滑坡堵江的过程，模拟过程中把流体考虑为不可压缩流体，计算过程如图 2 - 22 所示。

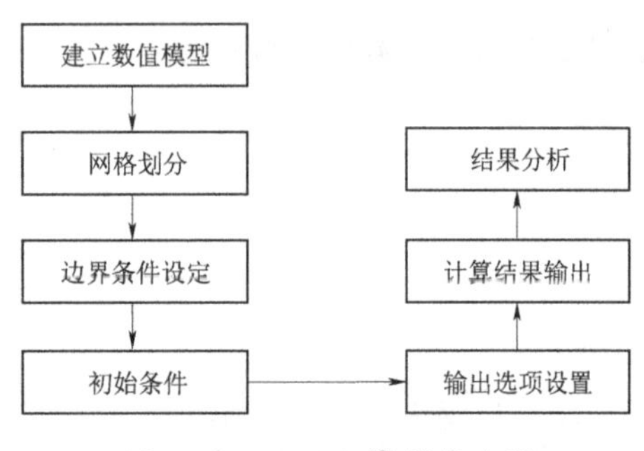


图 2 - 22　FLOW$^{3D}$ 模拟流程

### 2.4.2　模型建立与参数设置

FLOW$^{3D}$ 模拟过程主要分为两大部分：建立模型、结果分析并输出。建立模型包括以下基本环节：环境设定（general）——设置模型的基本参数如模拟时间、单位、流体是否可压缩等，物理模块设定（physics）——提供了数十种物理模块选择，包括重力（gravity）、GMO 模块、孔隙介质（porous media）、黏性与紊流（viscosity and turbulence），流体选择（fluids），网格与几何（meshing & geometry），输出设定（output）以及数值方法（numerics）。模型采用三维 CAD 建模，生成 STL 文件直接导入程序，然后 FLOW$^{3D}$ 做前处理和求解，分析采用有限差分网格，网格数量控制在 250 万个左右，求解包括流场、速度场等。计算模型如图 2 - 23 所示。

如图 2 - 23 所示，参考试验模型，模型分为上下两个水槽（河道）：上游设置滑槽，滑槽顺坡长 10m、宽 0.5m、高 0.6m、坡度 30°，在槽内距顶端布设长宽 0.5m、高 0.3m 的菱柱体块体（体积 37500cm$^3$，由于软件主要用于模拟刚体运动，因散粒体运动模拟稳定性较差，故采用三角菱柱体块体代替散粒体），下游为一长 10m、深度为 0.5m 的梯形断面河道，底宽 0.2m，坡脚 30°，河道内设置 0.2m 深水，流量 1L/s。

模型网格各方向都是 3cm，总共包含 2052747 个网格单元，其中模块 1 网格单元

1800000 个，模块 2 有单元 252747 个。考虑滑坡堵江的时空特点，水流由 $-z$ 向 $z$ 方向流动，因此在 $-z$ 设为入水边界，流量为 1L/s，$z$ 方向为自由出流，$y$ 方向为凌空面，设为特殊压力边界（由于模拟的水流为敞开液面，液面各点相对压强为 0）。边界设置如表 2-4 及图 2-24 所示。

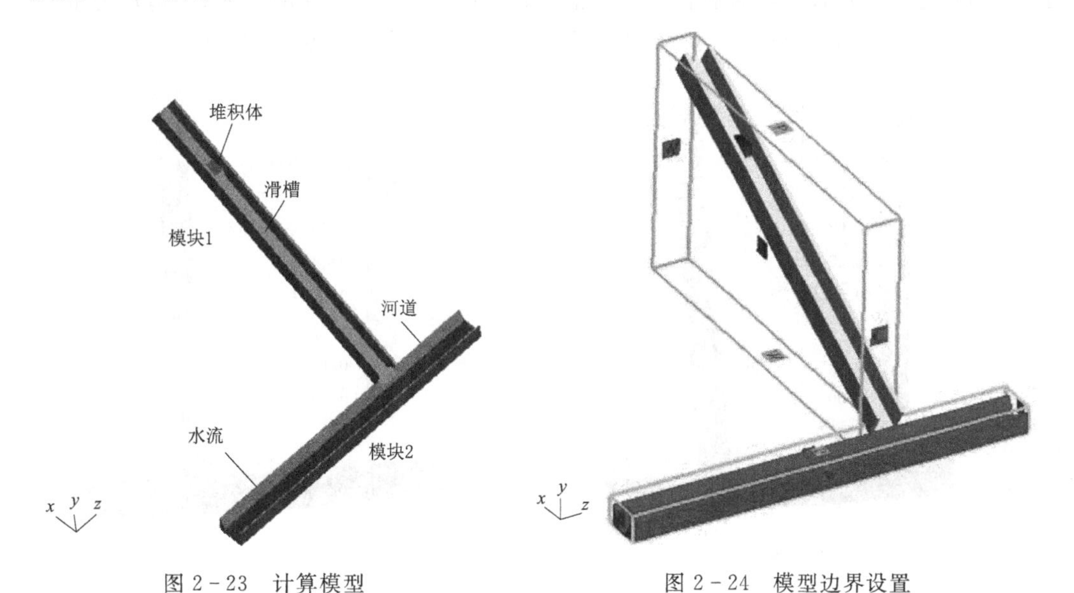


图 2-23 计算模型

图 2-24 模型边界设置

**表 2-4** **各模块边界条件设置**

| 项目 | $x_{min}$ | $x_{max}$ | $y_{min}$ | $y_{max}$ | $z_{min}$ | $z_{max}$ |
| --- | --- | --- | --- | --- | --- | --- |
| 模块 1 | $C$ | $W$ | $W$ | $P$ | $W$ | $W$ |
| 模块 2 | $W$ | $W$ | $W$ | $P$ | $O$ | $V_{fr}$ |

**注** $C$ 为连续边界；$W$ 为刚性边界；$P$ 为压力边界；$O$ 为出流边界；$V_{fr}$ 为入流边界，1L/s。

在整个模型中，滑槽设置为周期性运动以模拟地震荷载（振幅 0.02m，频率 50Hz，和振动台频率一致），块体在振动荷载及重力作用下滑动，重力加速度（9.81m/s$^2$），方向向下。滑体设置为运动模块（moving object），假定其为刚体运动，不发生变形及破坏。流体为牛顿流体，紊流模型采用 Renormalized group（RNG $k-\varepsilon$）model。刚开始时，模型保持静止。模拟时间 10s，数据采集频率 0.05s。

考虑到滑坡堵江的运动模式，模拟过程中采用了 GMO 流固耦合模型和 RNG 湍流模型。GMO 模型能够模拟固体碰撞，碰撞模型包括碰撞检测和碰撞融合，因碰撞而产生的能量损失采用回弹系数控制。模拟过程中，GMO 和流体相互耦合，滑坡体可视为 GMO 旋转运动和碰撞，根据前人经验，整体恢复系数设为 0.8，摩擦系数设为 0.2[92]。RNG 模型来源于严格的数理统计，其采用 $k-\varepsilon$ 方程和经验性的参数，考虑了湍流漩涡，提供了一个普朗特常数（Prandtl number）的解析方程，这使得 RNG 模型更可靠。在本书模拟中，RNG 模型用于分析滑坡堵江后的流体运动过程。计算过程中，为兼顾计算效率与精度，计算时步采用默认，自动调整时步大小。

### 2.4.3　计算结果分析

在自重作用下，滑体失稳并加速进入河道，其最低端在 2.15s 开始接触水面，使流场发生一定的变化，随着滑块的继续下滑，流场发生骤变，并形成涌浪向上下游扩展，由于入水时间较短，速度变化较大，涌浪表现为杂乱而无规则，产生大量的液体飞溅。滑块完全入水后，涌浪减弱并逐渐分布均匀，流线整体呈椭圆向四周扩散、传递，如图 2-25 所示。

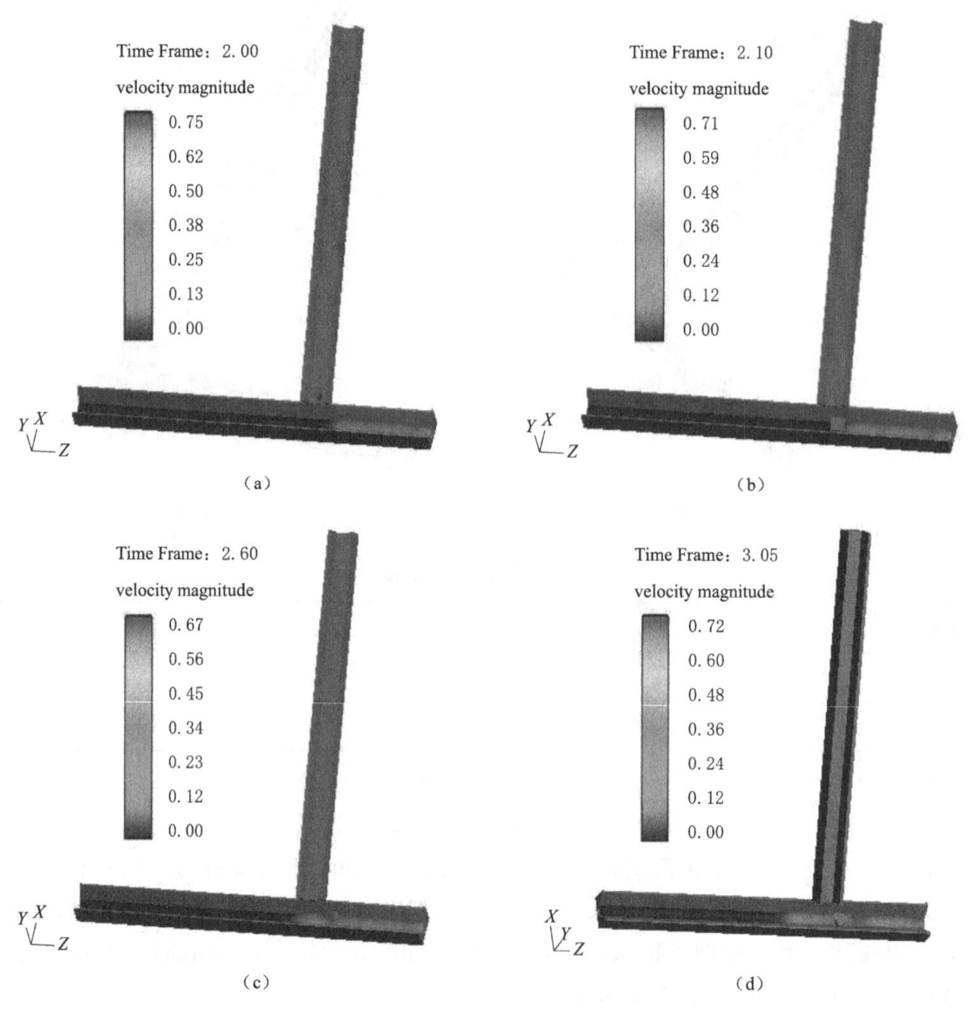


图 2-25　不同时刻滑块运动及水槽流动情况

由图 2-25 可知，在初始时刻，滑块以加速度下滑，速度不断增大，并伴随着不断翻滚旋转，在 2.0s 开始进入河道区域 [图 2-25 (a)]。由于其速度较大，在惯性的作用下，并未直接进入河道，而是继续向前运动，并与河槽对岸发生碰撞 [图 2-25 (b)]，然后，进入河槽内，引起河流流场发生改变。由于仍存在一定的动能，滑块继续在河槽内弹跳 [图 2-25 (c)]，直到动能消耗殆尽，在河槽内沉积，运动区域停止 [图 2-25 (d)]，激起的涌浪（同方向）使水流较原始流速偏大，且向上下游传播。

如图 2-26 所示，在滑块入水过程中，由于滑块对水体的挤压作用，孔隙水压发生较

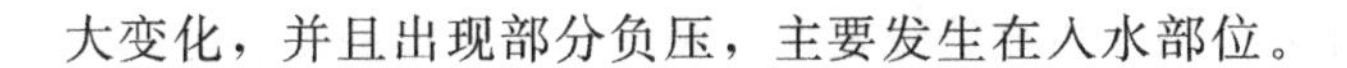

大变化，并且出现部分负压，主要发生在入水部位。

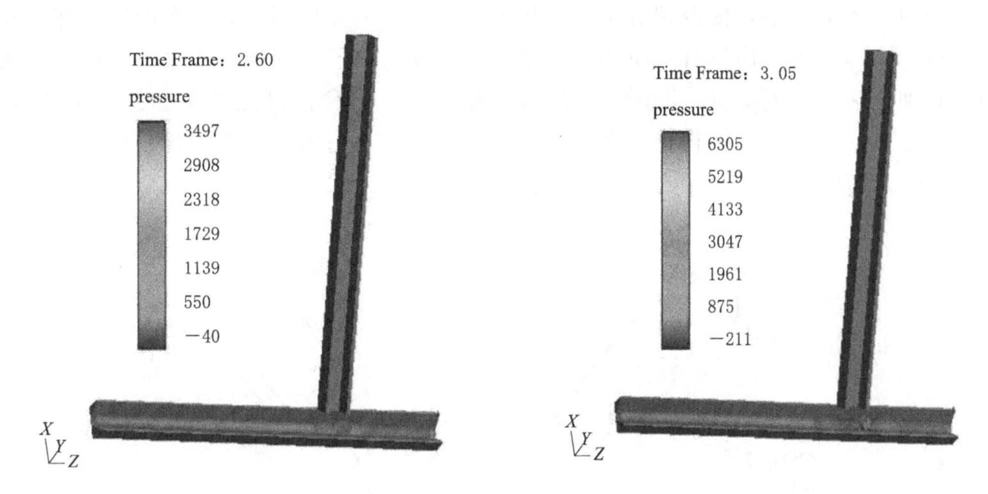


图 2-26 滑块入水过程中水压变化

在入水点处，由于上游来水及滑坡的作用，水流表现为湍流，尤其是滑块入水的过程中，受运动滑坡体的挤压，水流湍流现象更加明显，存在较大的湍流能。同时由于各种摩擦及能量转化，湍流能也不断耗散。图 2-27 为入水点处湍流能的变化与消散过程。

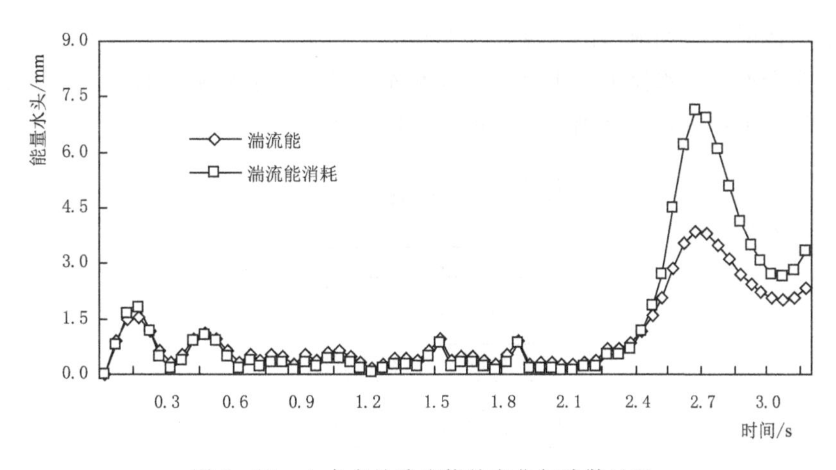


图 2-27 入水点处湍流能的变化与消散过程

由图 2-27 可知，在滑块入水前，在上游来水的作用下，水流以湍流的形式存在，但能量较小，且不断波动，过程中，伴随着能量的消散。当滑块入水后，能量急剧上升后，然后快速衰减，继而以一定的能量波动，直至恢复初始状态，这与上述所说的涌浪波是一致的。其中湍流能耗散考虑了原有水体流速影响。

## 2.5 滑坡堵江形成堰塞坝机理

西南山区滑坡堰塞湖大多是由于河流两岸或单侧的山体因发生山体崩塌、滑坡，堵塞河道而成。由于地震或降雨的强大外力作用，边坡后缘发生拉裂，形成一定的小裂隙，周围细小颗粒进入裂隙中，使得裂缝进一步拓展，更多碎屑充填其中，直至山体贯穿，在河谷内形成剪出口。由于山体自身重力，势能逐步转化为动能，动能不断增加，滑移体快速下滑，铲蚀河床，速度降低，同时，在后缘的推动下，滑移体可能发生抛射，越过河道，与对岸岸壁发生碰撞，动能转化为滑体和山体的变形能，并最终堆积。如果遇到降雨或山体内还有较大水量，在该过程中将起到润滑作用和重力加载作用，运动将加快，如图 2-28。

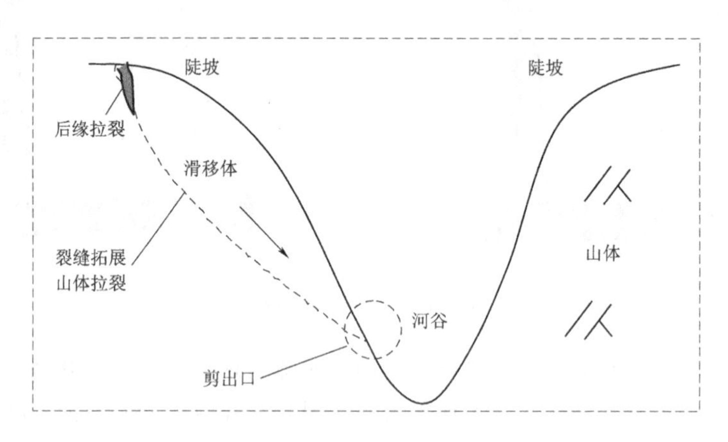


图 2-28 典型滑坡堰塞湖形成过程示意图

依据滑移体的规模和河道的宽度，主要呈现 2 种堵塞模式——全堵型和局部堵型。全堵型把河流完全截住，水流无法下泄，形成水库，随着上游水流的不断入库，在没有其他下泄通道的情况下，水位将逐渐上升，最后引发坝体溃决，其过程如图 2-29 所示。

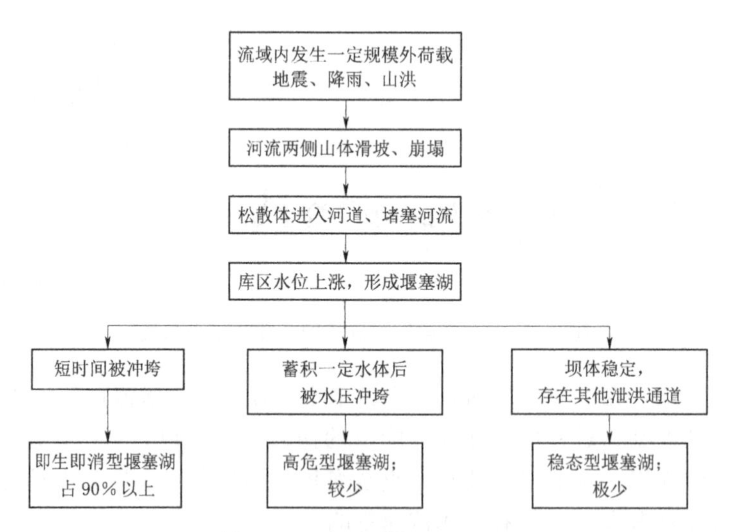


图 2-29 堰塞湖的形成过程

局部堵型则是局部束窄河道，在该部位水流流速将迅速增大，并不断冲刷新形成的堰塞体。相对而言，全堵型堰塞坝的危害性比局部堵型要严重得多。

滑坡堵江在西南地区是较常见现象，尤其是在地震后的一段时间内，表 2-5 为我国

西南地区公元元年以来有记载的滑坡堵江事件，由于早期交通信息传递的落后和记载文献的遗失，故中华人民共和国成立前大型滑坡堵江事件只有117起[93]。

表2-5 西南地区历年有记载大型滑坡堵江事件统计

| 年份 | 1949年以前 | 1950—1959 | 1960—1969 | 1970—1979 | 1980—1989 | 1990—1999 | 2000年至今 |
|---|---|---|---|---|---|---|---|
| 次数 | 117 | 31 | 33 | 29 | 79 | 31 | 8 |

当然，滑坡堵江并不是堰塞坝形成的唯一模式。部分山体在地震后山体被震松散，只是局部发生滚石、滑坡，整体仍保持稳定。在后续不断风化下，岩体强度不断降低，在降雨情况下，松散体被激活，形成泥石流，在向下游运动的过程中，不断铲刮滑道底部和边壁，使得其规模不断增大，最后在下游平坦部位堆积。由于水体汇流作用，往往在下游都会形成河流，泥石流进入河道，形成堰塞湖。在该过程中，冲毁沿途农田、房舍，其中"5·12"汶川地震后发生多例该类泥石流型堰塞湖，如文家沟泥石流堰塞湖、磨子沟泥石流堰塞湖等。

## 2.6 本章小结

滑坡堵江是形成堰塞湖的前提条件，是堰塞湖灾害链中的首要环节，其形成过程和致灾机理对于灾害链的规模具有较大影响。本章通过室内试验和数值模拟方法对滑坡堵江过程进行了分析，得出以下结论：

(1) 滑坡堵江一般是在外力激发下发生的，主要包括地震、降雨、上游洪水等。其中，地震主要给其提供一个启动荷载，降雨主要是降低其结构强度增加其自重，洪水冲击兼具二者特点，因此其更易触发滑坡堵江。同时，滑坡体方量、河槽糙率、颗粒级配等都在滑坡堵江过程中起较大作用。

(2) 滑坡体进入河道后，可能产生不同的堵江情况，包括局部堵、全堵。在堵江的过程中，滑坡体把水体排开，水流迅速外溢形成波浪，且主滑方向的岩土体增加量明显高于其他方向，其激起的浪高和破坏力明显高于其他方向。对于入水速度较大的滑体，进入河道所需时间更短，相应的，其内部挤压更密实，堆积体积相对较小，高度较低，形成的库区也较小，水库的安全性相对较大。

(3) 堰塞湖是山体滑坡和河流综合作用的产物，滑坡能否堵江，不仅与滑坡过程有关，同时，与河流的特征也有较大关系，包括主河道的流量和流速、河道的宽度等。河流的宽度对全堵型堰塞体的形成影响较大，滑坡进入河道时，虽然运动速度较大，但是由于河流深度有限，斜抛运动时间较短，水平运动时间有限，如果河道较窄，滑坡体受对岸阻碍而堵江，其完全堵江概率较大，如果河流较宽，滑坡体在河道上即进入河流，无法发生堵江，这也是平原区堰塞湖较少，而高山峡谷区堰塞湖较多的主要原因。

# 第3章 滑坡堰塞坝灾害链演化物理模型试验

## 3.1 概述

滑坡堵江是我国西南山区常见的自然灾害，松散山体进入河道后堵塞河道形成堰塞坝，上游来水被拦蓄在库区内，随着水位的上升，产生较大范围的回水，淹没上游库区的农田房舍和公用设施。同时，由于库水对坝体巨大的水压力及水体渗漏，坝体安全性大幅降低，在漫顶、渗流或余震的影响下，未经人工碾压的堰塞坝易出现溃坝现象，对沿岸及下游的人民生命财产安全及生态环境造成巨大威胁，产生一系列的环境效应。同时，大规模的天然积水（库水）及溃坝洪水对上下游造成巨大的淹没，使水环境发生较大改变，在水-岩相互作用下，两岸边坡岩体处于饱水状态，强度降低、孔隙水压力增大，进而触发稳定性较差的库岸及下游河岸发生大量滑坡。因此，了解堰塞体的溃决机理，提出合理的减灾措施，人为阻止或延缓溃坝过程，对于控制堰塞湖灾害链的规模和致灾范围极其必要。

本章基于大量的文献总结和现场考察，分析了堰塞湖溃决的主要模式及其影响因素，通过室内试验重点分析了库区滑坡涌浪条件下的坝体溃决过程及坝体溃决中溃口演变模式，在此基础上，提出了坝体的溃决机理及相应的堰塞湖应急处理措施，为堰塞湖防灾减灾应急整治提供了理论依据，也为后续研究溃坝洪水奠定基础。

## 3.2 堰塞坝破坏方式及影响因素

堰塞坝形成后，在库区水体的作用下，或短时间内溃决，或存留一定的期限后溃决，或保持相对稳定存留较长时间，但短时间内溃决的占绝大多数。Costa 通过对大量的堰塞湖统计发现，堰塞湖形成后，22%的在 1d 内溃决，50%的在 10d 内溃决，83%的在半年内溃决，93%的 1 年内溃决，其中，能够度过一个汛期的不到 10%[82]。在各类堰塞坝中，即生即消型堰塞湖由于留存时间较短，库内水量较小，即使完全瞬时溃决，其洪峰流量也有限，对上下游的危害不大；稳态型堰塞湖由于自身较稳定，溃决概率较低，通过加固可以当作人工坝使用；而高危型堰塞湖由于库区蓄积大量的水体，其结构稳定性较差，一旦溃决，将携带大量的泥沙水体下泄，对下游的影响将是毁灭性的，因此，研究高危型堰塞坝的溃决其意义更加重大，本书研究的堰塞坝主要指高危型堰塞坝。

### 3.2.1 堰塞坝溃决方式

堰塞坝的失稳主要是材料内部含水量增大，由不饱和到饱和，进而过饱和，直到坝体自身稳定与所受摩擦阻力失衡，最终发生溃决。堰塞坝溃决发生突然、危害巨大，其溃决

方式主要包括漫顶破坏、渗流破坏、滑坡破坏，其中以漫顶破坏最为常见。1953年，美国的T. A. Middelboorks对堰塞坝的溃决方式进行统计，发现漫顶破坏的占45%，渗漏破坏的占25%，崩塌滑坡破坏的占30%；1983年，戴荣尧等对我国堰塞坝的溃决方式做过类似统计，得出类似结果[94]，如图3-1和表3-1所示。

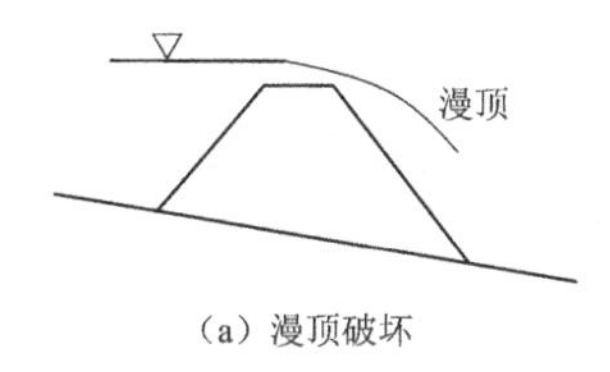


(a) 漫顶破坏

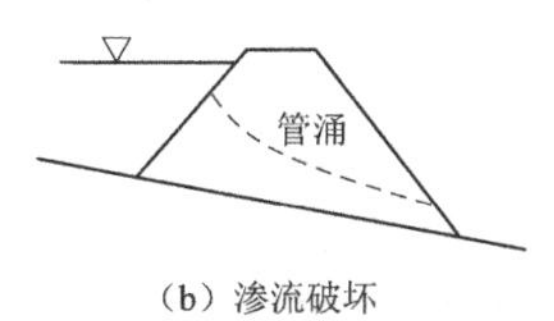


(b) 渗流破坏

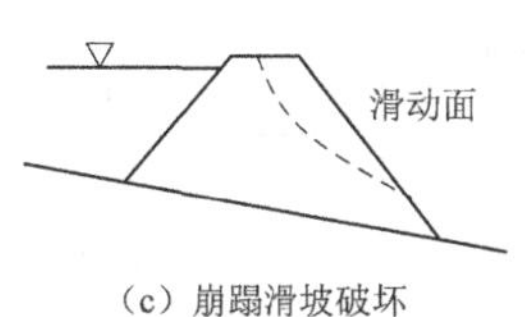


(c) 崩蹋滑坡破坏

图3-1 堰塞体失稳模式

**表3-1** **堰塞坝破坏模式统计** %

| 主要贡献人员 | 破坏类型 | | |
|---|---|---|---|
| | 漫顶破坏 | 渗流破坏 | 崩塌滑坡破坏 |
| T. A. Middelboorks (1953) | 45 | 25 | 30 |
| 戴荣尧 (1983) | 51.5 | 29.1 | 1.94 |

1. 漫顶破坏

漫顶破坏主要发生于坝体顺河向长度较大、坝料级配较均匀的情况，这时，内部较难形成较大的渗流通道，库区水位上升速度大于坝体浸润线的传播速度，即使表面产生局部的崩塌也不会导致坝体的整体失稳。

当库区水体漫过坝顶后，水体自坝顶下渗，坝体强度降低，并逐渐失稳，先后经历了漫顶、跌槛、淘深、溯源、横向扩展等5个阶段。首先，在坝顶和下游坝坡结合部位发生局部破坏，并生成小槽，接着下游坝坡发生破坏形成喇叭状的溃口，形成跌槛，部分坝料堆积在坝坡下游，阻碍水流运动，水流继而发生淘深和溯源淘刷已生成的溃口，使得溃口变宽变深，流量变大，对坝体的冲击能力也加强，期间伴随着溃口两岸的崩塌，崩塌料被水流带走，形成挟沙水流，溃口进一步增大，直至水流无法淘刷坝料为止。图3-2为室内漫顶溃坝试验（坝体厚度较大、稳定性较好），2s时，水流漫顶，对坝体产生较大侵蚀，逐渐形成溃口，并不断拓展，最后水流基本稳定，坝体保存短暂的平衡，如果上游再

2s

80s

120s

图3-2 漫顶侵蚀破坏

次形成较大洪水，将对残坝再一次的侵蚀。

漫顶溃决根据最终溃口深度、有无人工参与等，又可进一步细分为漫顶全溃、漫顶深溃、漫顶浅溃等，表 3-2 为我国典型的堰塞湖漫顶溃决案例。

**表 3-2　堰塞湖溃决形式及典型案例**

| 漫顶溃决形式 | 典型案例 | | | | |
|---|---|---|---|---|---|
| | 名称 | 所在地 | 所在河流 | 形成时间 | 溃决时间 |
| 漫顶全溃 | 元宝山 | 绵竹 | 绵远河 | 1934-08-03 | 10min 后 |
| 漫顶深溃 | 木岗岭 | 泸定 | 大渡河 | 1786-06-01 | 1786-06-10 |
| | 唐古栋 | 雅江 | 雅砻江 | 1967-06-08 | 1968-07-17 |
| 漫顶浅溃 | 大桥 | 茂县 | 岷江 | 1933-08-25 | 1986-06-15 |
| 引流全溃 | 易贡 | 波密 | 藏木河 | 2000-04-09 | 2000-06-10 |
| 引流深溃 | 小岗剑 | 绵竹 | 绵远河 | 2008-05-12 | 2008-06-12 |
| 自然群溃 | 松坪沟至叠溪 5 湖 | 茂县 | 岷江 | 1933-08-25 | 1933-10-09 |
| 引流群溃 | 唐家山至新街口 5 湖 | 北川 | 通口河 | 2008-05-12 | 2008-06-10 |

2. *渗流破坏*

渗流破坏主要发生在坝体颗粒较均匀、坝体厚度较小、渗径较短、强度较高的情况。由于堰塞坝主要是由土、砂、石堆积成为一个整体，水库蓄水后，上下游形成较大的水位差，在渗透压力作用下，水流将通过坝体或坝基向下游渗漏，渗流量的大小与坝料成分及渗透系数有关。渗流不仅使得部分水体通过坝体流向下游，而且对坝体产生一定的渗透压力，部分细颗粒随之运移，使得坝体完整性发生破坏，强度降低，渗透通道不断扩大。

渗透破坏经历了管涌、坍塌、过流等过程。在库区水位快达到一定高度时，由于坝料颗粒较大、架空现象严重，在水压力作用下，形成大量的管涌通道。管涌水流侵蚀下游坝坡，使其重力加大，进而发生局部坍塌，坝体整体强度降低。在上游水体过流侵蚀作用下，加快了坝体的破坏过程，溃口不断扩大，挟带大量泥沙下泄，形成挟沙水流或稀性泥石流。图 3-3 为室内坝体渗流破坏试验（坝体厚度较小、级配较均匀），2s 时在水压力作用下，坝体能形成渗流，坝脚液化，稳定性进一步削弱，35s 时坝体局部在水压力作用下，轰然崩塌，导致库区水体大量下泄，并对溃口侧壁、底部剧烈淘刷，直到 70s 时库水水位降低到水流无法搬移颗粒，溃决过程基本结束。溃决结束后，溃口成倒梯形，溃口处残留大量的无法运移的大粒径颗粒。

3. *崩塌滑坡破坏*

崩塌滑坡破坏主要发生于坝体颗粒级配较单一（以细颗粒为主）、透水系数较小且强度较低的情况。图 3-4 为室内崩塌型溃决试验（坝体颗粒较小）。

崩塌滑坡破坏经历了浸润、滑坡（坍塌）、过流等过程。随着库区水位的上升，坝体浸润线不断抬高，坝体结构被大幅度削弱，由于坝体中大粒径颗粒较少，无法形成有效的骨架结构。渗透水流使坝体自重增加、强度降低，当水位达到一定高度时，坝体下游坝坡整体坍塌，产生局部过流，进一步削弱了坝体的完整性。在溃坝水流的强大冲击荷载及水压力作用下，坝体发生整体性后移，颗粒间黏滞性减小，结构进一步松散，进而发生整体

2s

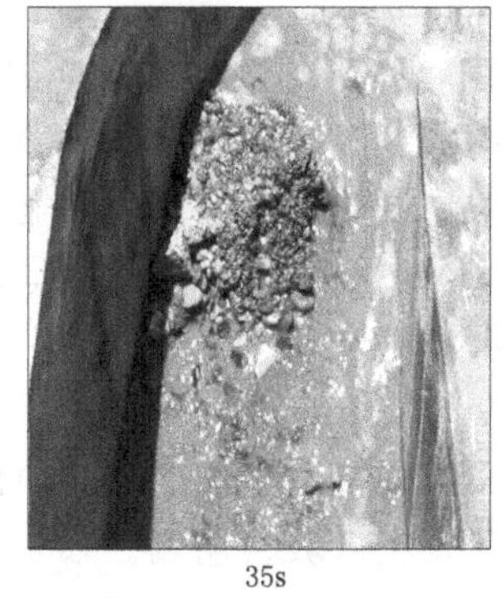
35s

70s

图 3-3 渗流管涌破坏

2s

7s

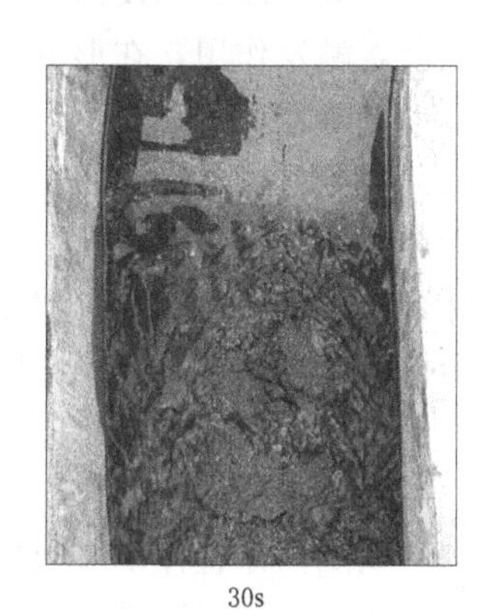
30s

图 3-4 滑动崩塌型破坏

坍塌，水流瞬间漫过坝顶，对坝体产生剧烈冲刷，由于颗粒较小，其启动速度要求较低，大量坝料被水流携带下泄，形成泥石流。直至库区水位降低、流速无法移动残余的坝料，溃坝结束。溃坝结束后，只在坝体底部残存少量的较大粒径的颗粒，最低处可以见到水槽底部。整个溃决历时较短，溃决较彻底，在即生即消型堰塞湖出现较多。

### 3.2.2 堰塞坝溃决影响因素

影响堰塞坝溃决的因素主要包括外部触发因素如气候因素、后续余震及库区滑坡涌浪等，以及内部控制因素如坝体尺寸、坝体结构特性等。

1. 外部触发因素

(1) 气候因素。

气候变化是堰塞湖溃决的一重要诱因。大多堰塞坝都是在气候发生变化情况下发生的，如降雨量增加、气温升高等。

西南地区强降雨主要分布于5—9月的雨季，该段时间降雨量达到全年总降雨量的70%以上，降雨集中、强度大，易引起突发洪水，进而诱发山体崩塌滑坡、山洪等，对河道中的堰塞体具有较大的冲击作用，堰塞坝体的溃决也主要集中在该段时间。例如，1992年6月29日，叠溪小海子由于上游降雨汇流导致的强大冲刷，最终发生了漫顶溃决，下游姜射坝站实测最大流量达 2120m³/s。

其次，冻融地区由于气温升高，将加速冰雪融化，使得岩土体强度大幅度下降，同时，融水汇集后逐渐形成溪流、小河，自高处向下游流动，提升库区水位的同时，具有一定的冲击荷载，加速堰塞体的溃决。同时，温度变化对堰塞体强度和变形等性能都有一定的影响，高温条件下，堰塞体中水分蒸发，骨料间的黏聚力降低，易引起浅层开裂，若后续再发生强降雨，可能发生坝体滑坡等。

（2）地震。

地震及其后续余震形成的地震波使得堰塞体结构更加松散，并使得坝体孔隙水压力增大，抗剪强度大大降低，诱发坝体发生滑坡、崩塌。如 1786 年 6 月 1 日发生的康定 7 级地震诱发磨西、摩岗岭两处发生滑坡堵江形成堰塞湖，并阻断大渡河，6 月 10 日临近的泸定发生 7 级地震，诱发两处堰塞坝溃决，水头达 10 丈（约 33m）；1933 年，叠溪海子由于强余震触发作用，在形成 45d 后发生漫顶破坏，并导致小海子部分溃决。

2. 内部控制因素

（1）坝体材料。

堰塞坝是由于山体滑坡、泥石流等堵塞河道而成，土石混杂、结构松散、稳定性差，其性质介于土、石之间，抗剪强度较低。同时库区蓄水形成的水位差，导致坝体存在较大的渗透压力，水体通过坝体孔隙渗漏，增大内部孔隙水压力的同时，进一步降低了坝体强度，甚至引起坝后材料泥化，渗漏量很大程度受坝料粒度和渗透系数的影响。

（2）坝体结构。

堰塞坝是山体整体滑坡或风化物以散粒体形式下滑堆积而成，滑体前缘受河床、对岸岸壁阻挡而在河道减速堆积，后续滑体不断对其压实，因此坝体的孔隙率较大且不均衡，对于物料级配较宽的堰塞体，其孔隙率较大，更易发生管涌破坏。

除上述因素外，人类活动（开挖堰塞体的坡脚等）、河道的条件（如无泄流通道）等都会对堰塞坝的溃决造成重要影响。

## 3.3　库区滑坡涌浪对堰塞坝安全影响分析

涌浪是大型水库常见的自然现象，包括风吹涌浪和滑坡涌浪，其提高了库区局部水位，到达坝体时对坝体形成较大冲击荷载，产生较大的动、静水压力，同时，坝前涌浪将进一步爬坡，对坝面造成较大侵蚀，使其力学特性发生变化，强度大幅降低，加大了坝体的溃决风险。其中，滑坡涌浪发生突然、规模巨大、致灾后果严重而备受关注。

对于结构更加松散的堰塞坝，抗水冲击能力较低，在大量固体物质短时间内进入库区引起涌浪情况下更加容易溃决。滑坡涌浪多是堰塞体抬高库区水位而诱发，同时又可能反作用于滑坡堵江体，触发其溃决。因此，研究滑坡涌浪的影响因素及其对坝体稳定性的影响是极有必要的。

### 3.3.1　滑坡涌浪

根据体积守恒的原理，当大量的滑坡冲进河道，不考虑水的压缩，滑坡体填补水体空间，水位急剧上升，并把动能传递给水体，在入水处形成涌浪。涌浪传播过程中，由于水

的阻力使动能迅速降低，水体开始小幅度的振荡，涌浪高度和传播距离成指数关系分布[95-96]。因此，涌浪对周围构筑物造成较大威胁，随着距离增大，危害性将逐渐降低，图 3-5 是滑坡涌浪示意图。

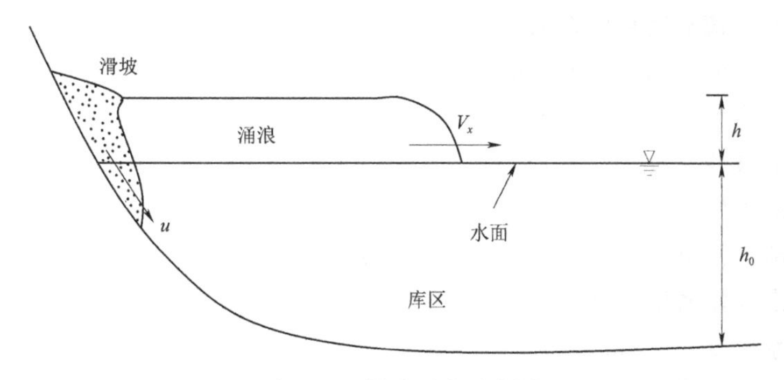


图 3-5 滑坡涌浪示意图

涌浪波介于中水波与浅水波之间，其轨迹小而平坦，随着水波传递最后近似平行于水面线。当涌浪波到达堰塞坝时，给予堰塞坝一个较大的冲击力，冲击力的大小决定于涌浪的高度和速度[97]。同时，涌浪将沿着堰塞体表面爬升，如果涌浪足够大，坝体内孔隙水压力增大，坝料剪切强度降低，其将加速堰塞坝的溃决，尤其是在库区水位较高接近于坝顶时。图 3-6 为滑坡涌浪演进过程及其对坝体冲击荷载的示意图。

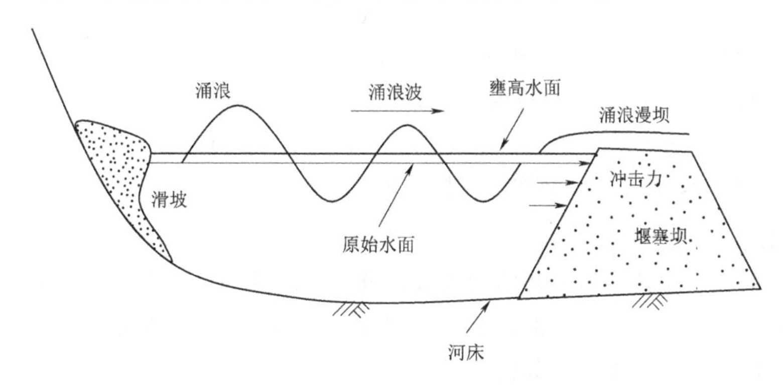


图 3-6 滑坡涌浪演进过程及其对坝体的冲击荷载

在涌浪波演进过程中，由于摩擦阻力的作用，随着运动距离的增加，水波能和冲击能量逐渐衰减。如果涌浪接近坝体时，冲击荷载巨大，易引起坝体溃决。1989 年，Miller 和 Chaudhry 发现波浪能量逐渐减小，传播方向上的涌浪特点大多相似，其衰减规律与摩擦水头损失有关[98]，最大浪高计算公式如下：

$$h_x = \frac{3}{4}\left[P\left(\frac{x}{h}\right)^{-1/3}\right]^{4/5} h \tag{3-1}$$

$$P = FS^{1/2}M^{1/4}\left[\cos\left(\frac{6\alpha}{7}\right)\right]^{1/2} \tag{3-2}$$

$$F = u/(gh)^{1/2} \quad s/h \quad M = \rho v/(\rho_w b h^2)$$

式中 $h_x$——距入水点 $x$ 处涌浪高度，m；

$P$——涌浪影响参数；

$x$——计算点与入水点间的距离，m；

$h$——水深，m；

$F$——弗雷德滑动相似系数；

$u$——滑坡体入水时速度，m/s；

$g$——重力加速度，9.81m/s$^2$；

$s$——滑坡体厚度，m；

$v$——滑坡体积，m$^3$；

$b$——滑坡体宽度，m；

$\rho$——滑坡体密度，kg/m$^3$；

$\rho_w$——水密度，kg/m$^3$；

$S$——滑坡体相对厚度；

$M$——滑坡体相对质量；

$\alpha$——滑坡体入水角度，(°)。

2008 年，汪洋等基于能量守恒和流体连续性原理，得出了涌浪速度 $V_x$、涌浪高度 $h_x$、水深 $h_0$ 的关系式[99]：

$$V_x=(h_0+h_x)\sqrt{\frac{2g}{2h_0+h_x}} \tag{3-3}$$

式中　$V_x$——距离入水点 $x$ 处的涌浪速度，m/s；

$x$——计算点与入水点间的距离，m；

$h$——水深，m；

$h_x$——距离入水点 $x$ 处的涌浪深度，m。

### 3.3.2　滑坡涌浪试验

滑坡涌浪的能量包括动能和势能两部分，这和滑坡体的体积和速度有关。为了研究不同工况下滑坡涌浪对堰塞坝破坏的影响，本书开展了一系列的滑坡涌浪试验，包括不同的滑坡体积、不同的滑坡高度以及其他变量[100]。

1. 试验装置

试验在一水槽内进行，水槽宽 0.5m、高 0.5m、坡度 $i=5\%$。图 3-7 用三角形展示了水槽的主要断面，高度用 $x$ 表示，长度用 $20x$ 表示（根据坡度 5%推出），所以水体的断面面积为 $A=20x^2$。水槽宽度为 0.5m，水深和水体积可以用 $Y=5x^2$ 表示（$x$ 表示水深，m；$Y$ 表示库水体积，$10^{-2}$m$^3$），只要知道水深情况，就能快速得出水体体积。

在水槽上游设置有一水箱，以提供试验用水。流量采用玻璃转子流量计控制，最大流量为 0.2L/s，图 3-8 试验装置布置情况。

如图 3-8 所示，水箱位于水槽头部，堰塞坝位于水槽上部。试验中，流量控制为 0.17L/s，水位采用南京水科院生产的 WYG-Ⅲ型水位仪监测，其精度为 0.1mm。相对于上游来水量，库区足够大，水体可以看做为静水。由于涌浪传播的对称性，水位仪测量的水位可以近似认为是坝前水位，用摄像机记录整个试验过程。

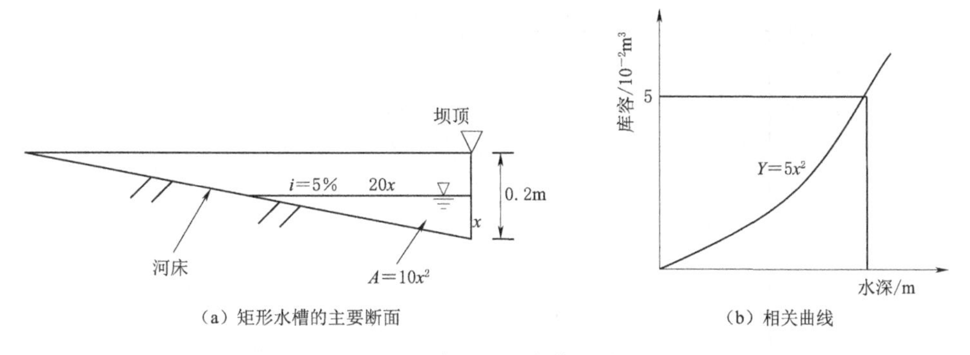


（a）矩形水槽的主要断面　　（b）相关曲线

图 3-7　水深与库水体积关系

图 3-8　试验装置

（a）矩形水槽；（b）玻璃转子流量计；（c）水位仪；（d）堰塞坝

2. 试验材料

堰塞坝由取自文家沟的岩石碎片、粉质黏土等松散堆积体构成，由于试验限制，粒径超过 40mm 的颗粒被剔除。试验中考虑了 3 组不同的颗粒。图 3-9 为坝料颗粒级配分布。

三组坝料级配相近，小于 0.5mm 的颗粒质量占 35%～45%，0.5～5.0mm 的颗粒质量占 39%～54%，5～40mm 的颗粒质量占 11%～16%。绝大部分颗粒小于 5.0mm（含量大概 85%）。

试验开始时，水箱满水状态，同时采用皮管不断补水。采用玻璃转子流量计控制上游来流量，堰塞坝自然堆积，坝体的密实度采用干密度控制（$\rho_d=1.85g/cm^3$）。干坝料的

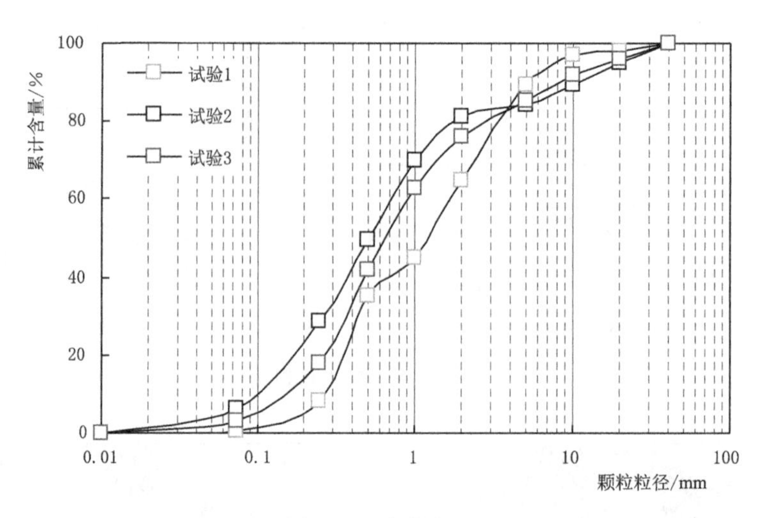


图 3-9　坝料级配

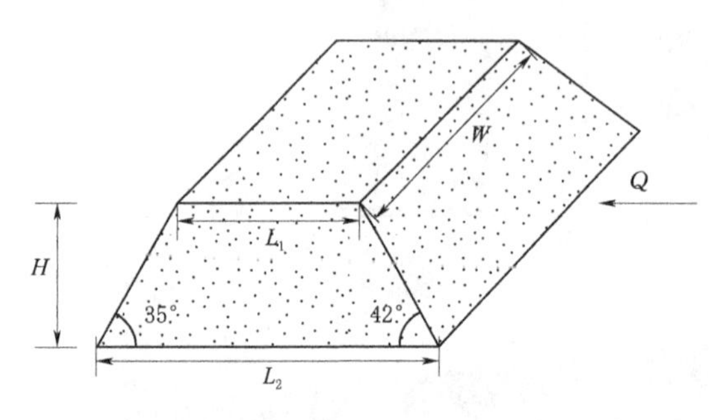


图 3-10　试验坝的尺寸（单位：cm）

总重量根据坝体体积确定，干坝料的重量为 $W_s$（$W_s=\rho_d V$），为了确保坝体的相对固结稳定，坝料中掺加了 10% 的水，增强黏聚性。

如图 3-10 所示，坝体顶宽 $L_1=30$cm，长 $W=50$cm，高 $H=20$cm。参考"5·12"汶川地震形成的堰塞坝的情况，上下游坡度分别设定为 42°和 35°，表 3-3 为试验坝和天然坝间的比例关系。试验过程中，上游来流量为定值，采用不同粒径的石块（密度约为 2.3g/cm$^3$）自由落体模拟滑坡。堰塞坝的几何比尺为 400，调查结果表明，绵远河的平均径流量约为 17m$^3$/s，峰值流量大。

**表 3-3　　试验坝与天然坝间的比尺关系**

| 参数 | | | 天然坝 | 试验坝 | 比尺 |
|---|---|---|---|---|---|
| 堰塞坝 | 顶长 | $L_1$ | 105m | 0.30m | 400 |
| | 底长 | $L_2$ | 200m | 0.50m | 400 |
| | 宽度 | $W$ | 160m | 0.50m | 400 |
| | 高度 | $H$ | 80m | 0.20m | 400 |
| 上游来流量 | | $Q$ | 17000L/s | 0.17L/s | 100000 |

3. 试验方案

准备工作完成后，石块以一定的高度 $h$、一定的距离 $L$ 自由落体进入水中，触发涌浪并以相同的速度向四周传播，采用水位仪实时监测水位变化，如图 3-11 所示。

试验中，考虑了不同滑坡体积（宽度 $b$、厚度 $s$、长度 $l$）、不同滑坡高度 $h$、距坝址不同距离 $L$。上游来流量保持恒定（0.17L/s），当库区水位接近坝顶时，石块从相应位

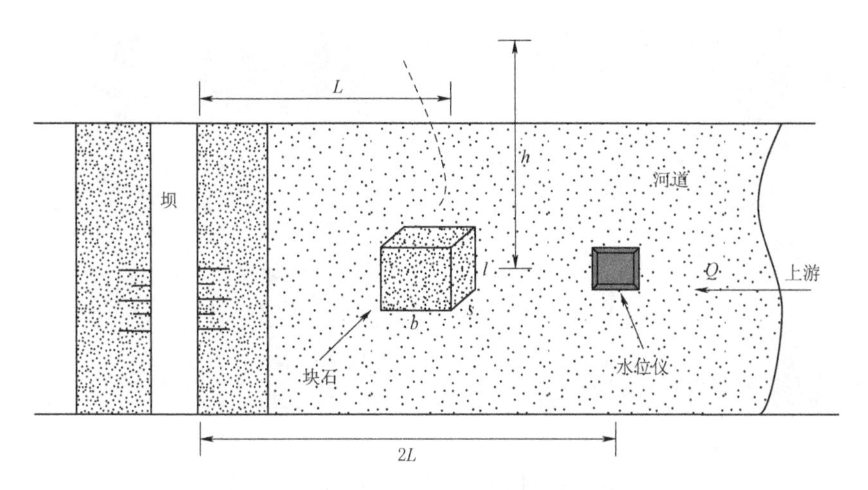


图 3-11　滑坡装置示意图

置落下，模拟满库状态时发生滑坡，也是最危险的溃决方式。表 3-4 列出了试验方案。试验 1 用来研究堰塞坝自由漫顶的情况，其余几组试验用来研究涌浪对堰塞坝的影响。

**表 3-4　　滑坡涌浪冲击堰塞坝的试验方案**　　单位：cm

| 序号 | 尺寸 | | | 滑坡高度 $h$ | 到坝距离 $L$ | 水位仪到坝距离 $2L$ |
|---|---|---|---|---|---|---|
| | $b$ | $s$ | $l$ | | | |
| 1 | — | | | — | — | — |
| 2 | 6 | 8 | 10 | 25 | 50 | 100 |
| 3 | 6 | 8 | 15 | 25 | 50 | 100 |
| 4 | 6 | 12 | 10 | 25 | 50 | 100 |
| 5 | 8 | 9 | 10 | 25 | 50 | 100 |
| 6 | 6 | 8 | 10 | 100 | 50 | 100 |
| 7 | 6 | 8 | 10 | 25 | 25 | 50 |

### 3.3.3　试验结果分析

1. 滑坡涌浪对堰塞坝的影响

当滑坡体进入库区时，诱发涌浪，并对坝体安全造成影响。涌浪的初始规模主要由滑坡体积、滑坡落差以及其他因素控制。首先，涌浪以一定的速度向堰塞坝运动，并被堰塞坝阻拦而对其产生较大的冲击荷载；其次，涌浪将抬升坝前水位使得坝体承受更大的水压力；再次，涌浪沿坝坡面爬升，侵蚀坝体表面物质，尤其是当涌浪漫顶时，坝体下游坡面侵蚀更加严重。然而，在传播演进过程中，涌浪逐渐衰减，因此，入水点到坝体的距离也是影响坝体稳定的重要因素。

为了更好地了解滑坡涌浪对堰塞坝稳定影响，通过实验比较了自然漫顶和涌浪情况下的坝体情况。滑坡体积为 6cm×8cm×10cm，高 25cm，距离坝址 50cm 处落下。图 3-12 自然漫坝和滑坡涌浪下的坝体稳定状况。

如图 3-12 (a) 所示，随着水位上升，堰塞坝渗流量增加，并发生漫顶，然而坝体

(a) 无涌浪

(b) 有涌浪

图 3－12　不同工况下堰塞坝的稳定情况

仍保持稳定，试验过程中，没有发生较大规模的溃坝事件。然而，发生滑坡涌浪时（库区满水状态），涌浪翻越坝顶，并带走表面部分颗粒，进而，坝体受涌浪冲击荷载的影响以及坝体内部孔隙水压力短时间内急剧上升，在坝体表面形成清晰的滑动面［图 3－12 (b)］。

根据试验结果，在滑坡堰塞湖工程应急处理中，为了减小滑坡涌浪的影响，可以适当在坝面布设一定量的大块石，增加坝体自重的同时，避免坝料与坝料的直接接触，降低涌浪冲击、侵蚀危害。

2. 接触面积影响

滑坡体入水接触面积是影响涌浪高度的重要因素，如表 3－4 所示，试验 3 的接触面积与试验 2 相同（$48cm^2$），但滑坡长度不同。试验 3、试验 4、试验 5 的体积都是 $720cm^3$，但他们有不同的尺寸，试验 4、试验 5 的接触面积是 $72cm^2$，其 $b/s$ 比值不同（试验 4 是 1/2，试验 5 是 9/8）。

图 3－13 为不同滑坡形状情况下库区水位变化情况，反映了滑坡体形状诱发的涌浪对堰塞体的影响。不同的滑坡将诱发不同规模的涌浪，其对堰塞坝的危害也不同。对比试验结果，滑坡长度对涌浪高度影响较小，但滑坡接触面积影响较大。接触面积越大意味着涌浪高度越大，$b/s$ 越接近 1。如预测滑坡涌浪高度的公式（3－1）所示，滑坡涌浪高度和冲击能量、接触面积、入水角度有关。

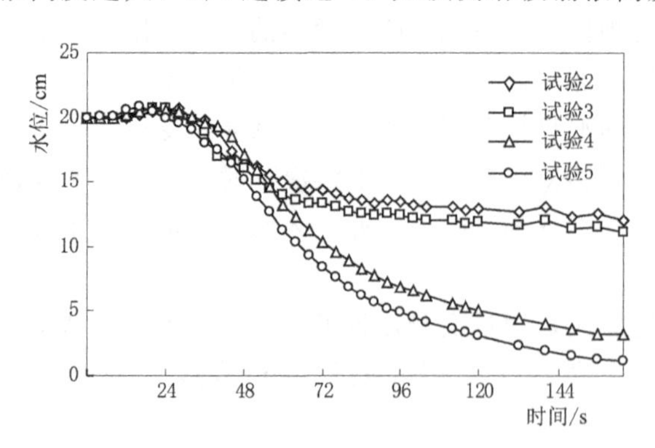


图 3－13　不同形状滑坡体工况下的库区水位变化

对比分析试验 3、试验 4 结果，当滑体下落高度和重量相同时，接触面积越大，涌浪高度和速度越大。当涌浪靠近堰塞坝时，在大接触面情况下，冲击荷载和流速越大。随着接触面积的增加，堰塞坝破坏和侵蚀程度越强，最后导致库区水位快速下降。比较图 3－14 (a) 与图 3－14 (b) 试验 4 的侵蚀程度大于试验 3。试验 3 中，滑坡体进入库区后，形成涌

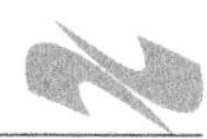

浪，漫顶水流部分渗入坝体，进一步削弱坝体，在后续涌浪的影响下，溃口在坝体中部迅速形成，在漫顶水流的持续掏蚀下，溃口持续变深变宽。然后，大量库水下泄，库区水位迅速降低，坝体溃决。试验 4 中，滑坡体进入水中，激起较大水花，并形成涌浪，当涌浪漫顶时，淘刷坝体，在后续涌浪作用下，溃口快速形成，并在薄弱部位（右侧）扩展，随着库区水位降低，溃口逐渐稳定。试验 5 和试验 4 类似，但时间更短，溃口更大，意味着不同的 $b/s$ 比值将产生不同的涌浪高度，即使接触面积相同。

图 3-14 不同形状滑坡的涌浪诱发堰塞坝溃决

(a) 试验 3；(b) 试验 4；(c) 试验 5

3. 滑坡高度影响

滑坡高度是决定涌浪破坏能量的重要参数，涌浪速度和动能随着滑坡高度的增加而增加。如果入水点靠近坝址，其对堰塞坝的影响是毁灭性的。见表3-4，试验6的滑坡体尺寸和试验2相同，但滑坡高度不同，其高度分别为100cm和25cm。图3-15为不同滑坡高度下库区水位情况。

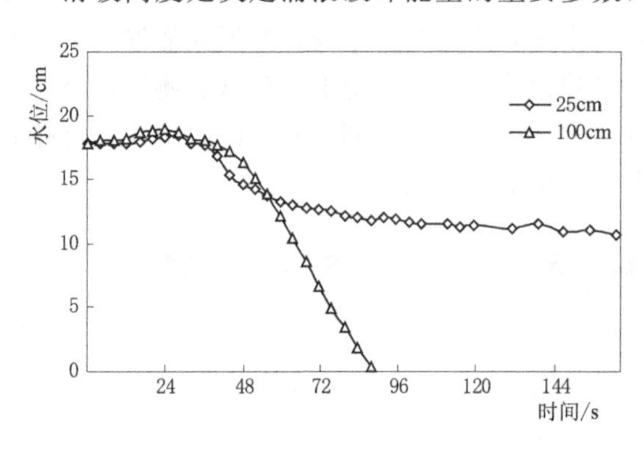


图3-15 不同滑坡高度工况下库区水位变化

当滑坡高度为25cm时，涌浪引发漫顶破坏，由于速度较小，侵蚀有限，坝体为完全溃决，直到坝体能抵抗后续水流侵蚀时，大规模的溃决过程结束。试验2中，形成一个宽25cm、深7cm的溃口，较大的流量和水压力导致坝体较大溃决。试验6中，溃口短时间内发展到坝底，下泄流量较大。

当滑坡涌浪较低时，对坝体结构影响较小，堰塞坝相对较稳定［图3-16（a）］。但当涌浪足够高时，堰塞坝溃决，坝体侵蚀较严重［图3-16（b）］。图3-17为不同滑坡高度下溃口演化过程。

图3-16 不同滑坡高度工况下堰塞坝溃决过程

（a）25cm；（b）100cm

图 3－17 中的虚线表示不同时刻溃口断面轮廓线，实线为最终溃口轮廓线。为了较好的表现溃口形状，水平向采用 1：10，竖向采用 1：5。当滑坡高度为 25cm 时，涌浪相对较小，溃口在涌浪先到达的部位形成，然后逐渐发展扩大，最后趋向稳定。当滑坡高度为 100cm 时，滑体入水速度较大，涌浪较大。溃口在两处薄弱部位形成，左侧的溃口逐渐拓展，直到坝底，右侧的溃口由于水流由最低点下泄而保持相对稳定。

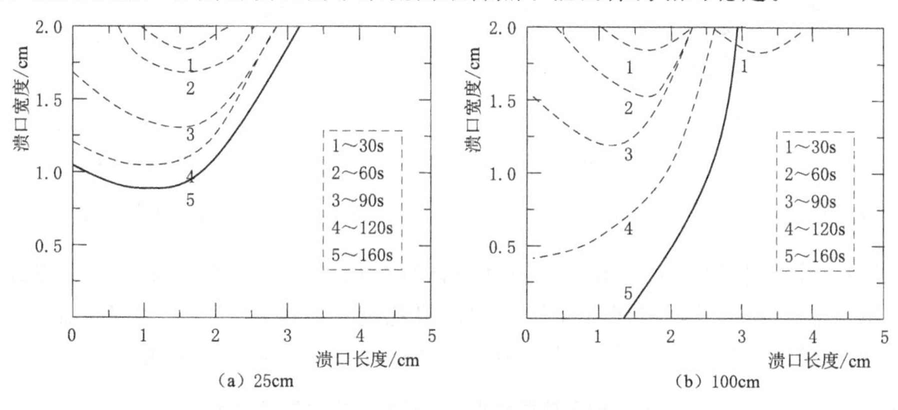


图 3－17　不同滑坡高度下溃口演化过程

4. 滑坡位置影响

滑坡体进入库区，形成涌浪向四周传播。在波浪传播过程中，由于阻力作用，随着传播距离增加，能量不断减小。如果入水点距坝址较远，波浪不断减小，到达坝址时其能量消耗殆尽，对坝体影响极小。如果入水点距坝址较近，滑坡引起的大水花将直接削弱坝体，导致坝体溃决。试验 6（25cm）在试验 2（50cm）的基础上改变了传播距离，图 3－18 为不同传播距离下的库区水位情况。

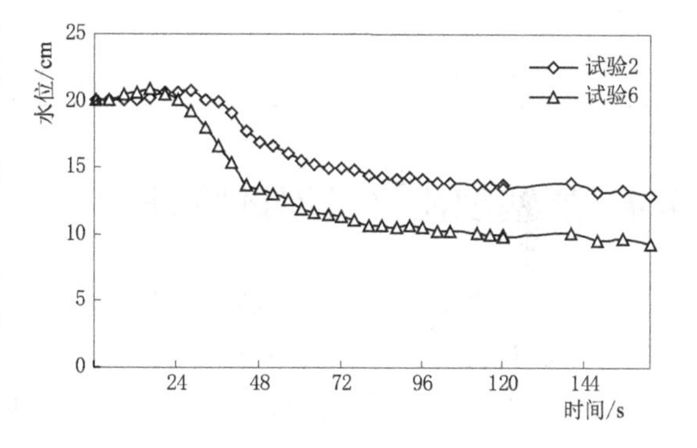


图 3－18　不同滑坡涌浪传播距离工况下库区水位变化

5. 对比分析

从上述分析可知，初始涌浪高度和速度与滑坡高度、入水接触面积、滑坡体积有关，其将引起不同的冲击能量。涌浪的高度和传播速度在其传播演进过程中逐渐衰减。通过公式（3－2）、公式（3－3），能得到涌浪高度和速度的演化过程。图 3－19、图 3－20 分别为不同工况下涌浪高度和速度。

试验 2、试验 7 的涌浪高度相同，是各组试验中最小的，试验 6 的涌浪是最大的，其后依次是试验 4、试验 5、试验 3。涌浪速度的规律相同，计算结果表明，滑坡高度和入水接触面积对涌浪影响较大。堰塞坝溃决过程中，涌浪引起了坝面冲击荷载、坝内水压力增加和坝料的侵蚀等三个要素。这三个要素直接影响涌浪高度和速度，进而影响堰塞坝的溃决过程。

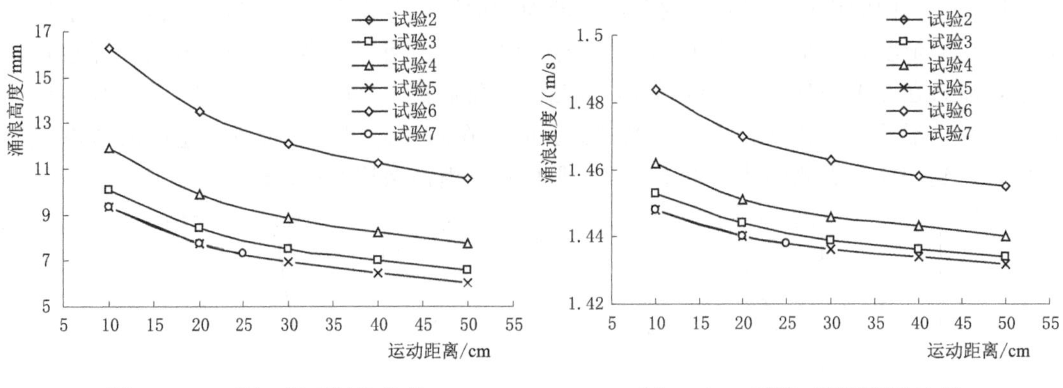


图 3-19　不同工况下涌浪高度　　　图 3-20　不同工况下涌浪速度

表 3-5 为不同传播距离的涌浪监测高度与计算高度的对比结果。涌浪速度相近，为 1.43～1.46m/s。二者结果表明接触面积越大，浪花越大，涌浪越高，二者的结果相近，其中的误差和试验的比尺效应有关，试验中水位变化较小，相对误差增大。

**表 3-5　　不同传播距离的涌浪监测高度与计算高度的结果对比**

| 项目 | | 试验 2 | 试验 3 | 试验 4 | 试验 5 | 试验 6 | 试验 7 |
|---|---|---|---|---|---|---|---|
| 试验值 | 涌浪高度/mm | 7.1 | 7.4 | 7.8 | 8.7 | 12.6 | 8.9 |
| 计算值 | 涌浪高度/mm | 6.1 | 6.6 | 7.4 | 6.5 | 10.6 | 7.3 |
| | 涌浪速度/(m/s) | 1.432 | 1.434 | 1.440 | 1.434 | 1.455 | 1.438 |
| 误差率/% | | 14.08 | 10.81 | 5.13 | 25.29 | 15.87 | 17.98 |

## 3.4 堰塞坝溃决机理试验研究

堰塞坝的溃决涉及多门学科，过程相当复杂，目前，对堰塞坝的研究主要停留在浅层的描述上，对机理的研究还不够深入，因此需要更多的研究。其对于掌握大坝溃决发生、发展过程，了解溃坝洪水演进规律，编制应急预案，开展紧急救援等，均具有十分重大的意义[101]。

由于堰塞坝自身松散特点，其溃坝概率较其他坝型大得多，且其溃决机理尤为复杂，因此溃坝机理研究重点在于堰塞坝溃决机理及其溃口发展过程。论文以枷担湾堰塞湖为原型，按一定的比例进行缩小，模拟了堰塞坝在不同上游流量、不同导流槽情况下的溃决过程，观察了不同外部条件对堰塞坝的影响，得出一些可靠的实验数据，对于堰塞坝的溃决研究具有较大意义，同时能够为堰塞坝的应急处理提供借鉴。

### 3.4.1 试验设计

枷担湾堰塞湖（E103°38′40″，N31°13′01″）位于中国四川省都江堰市市境内，岷江上游左岸一级支流白沙河上 12km 的 S 形河道转弯处。该处河谷呈不对称的 V 形，左岸高陡，右岸稍缓。“5·12”汶川大地震导致左岸 200m 的山坡岩体自高处冲向右岸，截断白沙河形成堰塞坝，坝体顺河长约 200m，宽 160m，高 60m，估算土石方量 82.4 万 $m^3$。组成

物质主要有花岗岩漂石、块石和碎石土，粒径一般为 0.04～0.4m，岩块间呈镶嵌结构，局部架空，透水性强[102]。由于上游水流被坝体拦截，最终形成的堰塞湖深 54m、库容 610 万 $m^3$。

图 3-21 枷担湾堰塞湖
(a) 航拍图；(b) 坝址照片；(c) 库区照片

为了更好地研究枷担湾堰塞湖的溃决过程，探讨其溃决机理，通过一定比例缩放进行了堰塞坝的试验模拟。试验在四川大学江安校区一玻璃水槽中进行，试验共 9 组。试验参照现场坝体坝料情况，按照一定级配配制实验土石料，在一透明玻璃槽中建造堰塞坝，再采用相应的上游来水量，模拟不同情况下溃坝过程，分别比较不同的上游来水量、引流槽形式、坝体长度等因素对溃坝过程的影响。

水槽为矩形断面，长 4.5m、高 1m、宽 0.4m，水槽出水口（矮的一侧）固定；另一侧为可调节部位，高度随坡度的变化而变化；实验中为试验方便，水槽坡度固定为 5%，在上游铺一层实验土样，使得实验中部分颗粒随水流下泄运动，形成挟沙水流，更符合实际情况。在玻璃槽内建好土坝后，通过控制水箱，调节水量向玻璃槽供水。并在玻璃槽末端设置一量水堰，测量下泄流量，如图 3-22 为玻璃槽工作示意图。

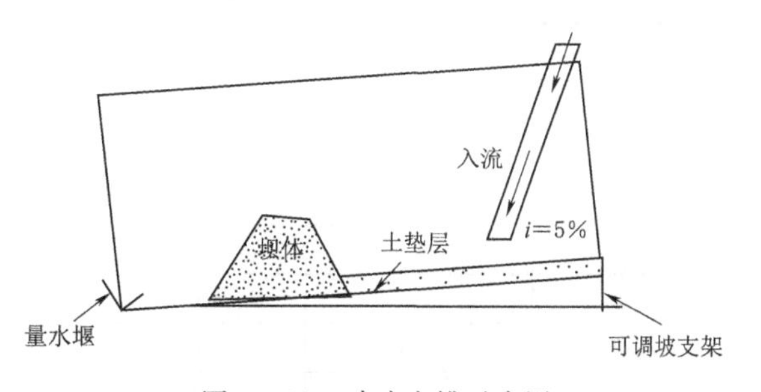


图 3-22 玻璃水槽示意图

实验材料取自堰塞湖现场。通过对

现场坝料分析，主要为灰岩碎块石、黏土、粉质黏土组成的混合物，剔除一些超大块石，大量粒径处为 40～400mm，为了更好地模拟堰塞坝的真实情况，把原样粒径风干后按一定粒径分类，并按照缩小 20 倍进行实验土料配制，进而在水槽内筑坝。表 3-6 及图 3-24 为原样级配和实验级配情况。

(a)　(b)　(c)　(d)

图 3-23　试验用土石料颗粒

(a) 0～2mm；(b) 2～5mm；(c) 5～20mm；(d) 20～40mm

**表 3-6　天然坝和试验坝的坝料级配分布**

| 天然堰塞坝/mm | 试验坝/mm | 累计百分率/% | 天然堰塞坝/mm | 试验坝/mm | 累计百分率/% |
|---|---|---|---|---|---|
| 0～40 | 0～2 | 18 | 200～400 | 10～20 | 90 |
| 40～100 | 2～5 | 28 | 400～800 | 20～40 | 100 |
| 100～200 | 5～10 | 60 | | | |

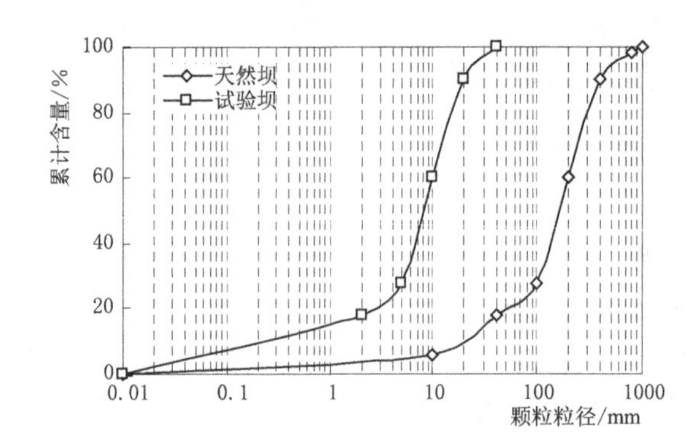


图 3-24　现场和实验土样颗粒级配

试验中，考虑了 3 类堰塞体，分别为没有导流槽的基本组、梯形导流槽的堰塞体和三角形的导流槽堰塞体，如图 3-25 所示。

如图 3-25 所示，$L_1$ 为堰塞体顶部长度；$L_2$ 为堰塞体底部长度；$W$ 为堰塞体宽度；$H$ 为堰塞坝高度；$w_1$ 为导流槽顶部宽度；$w_2$ 为泄流槽底部宽度；$h$ 为导流槽深度。为开展室内试验，堰塞体尺寸按一定比例缩小，表 3-7 为天然坝和实验坝的几何尺寸。

**表 3-7　天然坝与试验坝的几何尺寸**　　单位：m

| 参　数 | | | 天然坝 | 试验坝 | 比例尺 |
|---|---|---|---|---|---|
| 堰塞坝 | 顶长 | $L_1$ | 105 | 0.26/0.13 | 400∶800 |
| | 底长 | $L_2$ | 200 | 0.50/0.37 | 400∶540 |
| | 宽 | $W$ | 160 | 0.40 | 400 |
| | 高 | $H$ | 60 | 0.15 | 400 |
| 导流槽 | 顶宽 | $w_1$ | 7 | 0.07 | 100 |
| | 底宽 | $w_2$ | 3 | 0.03 | 100 |
| | 深 | $h$ | 3.5 | 0.020/0.035 | 175∶100 |

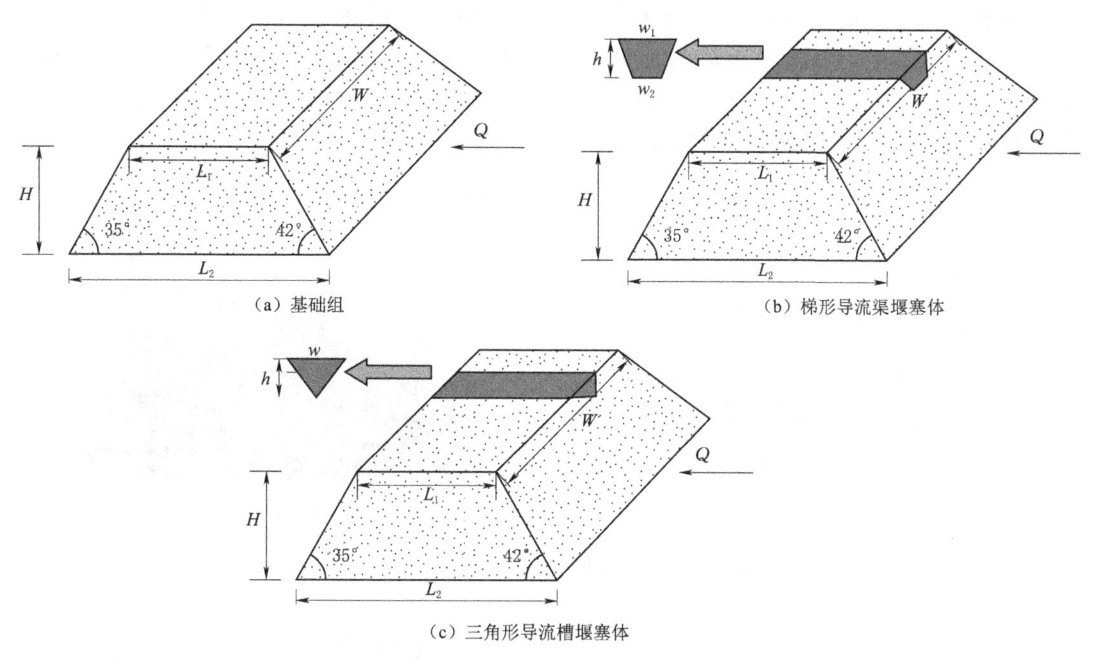


图 3-25 堰塞体示意图

如表 3-7 所示，顶长和底长分别有两个比例尺 400、800 和 400、540，宽和高比例都是 400，导槽深度比例尺为 175、100；导槽底宽和顶宽比例尺为 100。绵远河的年平均流量大致为 $10m^3/s$，峰值流量为 $200m^3/s$，试验中采用了 3 种流量：0.1L/s，0.2L/s 和 2.0L/s。

堰塞坝体上游坡度为 42°，下游坡度为 35°，各组试验中，都采用相同的坡度。为了分析溃坝机理，主要开展了 9 组室内试验，考虑了 4 个影响因素：上游来流量、坝顶大块石护顶效应、大坝尺寸以及导流槽。表 3-8 为各组堰塞坝的几何尺寸。

**表 3-8　　溃坝机理试验方案**

| 序号 | 堰塞坝尺寸 | | | | 导流槽 | | | | 坝顶大块石 | Q/(L/s) |
|---|---|---|---|---|---|---|---|---|---|---|
| | $L_1$/cm | $L_2$/cm | $W$/cm | $H$/cm | 形状 | 尺寸/cm | | | | |
| | | | | | | $w_1$ | $w_2$ | $h$ | | |
| 1 | 26 | 50 | 40 | 15 | — | — | — | — | N | 0.1 |
| 2 | 26 | 50 | 40 | 15 | — | — | — | — | N | 0.2 |
| 3 | 26 | 50 | 40 | 15 | — | — | — | — | N | 2.0 |
| 4 | 26 | 50 | 40 | 15 | — | — | — | — | Y | 0.2 |
| 5 | 13 | 37 | 40 | 15 | — | — | — | — | N | 0.2 |
| 6 | 26 | 50 | 40 | 15 | 梯形 | 7 | 3 | 3.5 | N | 0.1 |
| 7 | 26 | 50 | 40 | 15 | 梯形 | 7 | 3 | 3.5 | N | 0.2 |
| 8 | 26 | 50 | 40 | 15 | 梯形 | 7 | 3 | 2.0 | N | 0.2 |
| 9 | 26 | 50 | 40 | 15 | 三角形 | 7 | 0 | 3.5 | N | 0.2 |

如表 3－8 所示，考虑上游来流量的影响，同一种坝体采用了三种流量 0.1L/s，0.2L/s 和 2.0L/s，无泄洪通道的堰塞坝的顶长、底长、宽和高分别为 26cm、50cm、40cm 和 15cm。考虑坝顶大块石护顶影响，当来流量为 0.2L/s 在堰塞坝的顶部布设了部分大块石（试验 4），如图 3－27 所示。

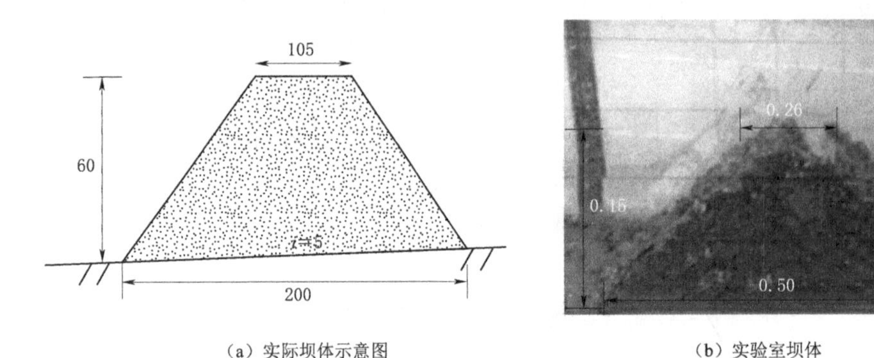


（a）实际坝体示意图　　（b）实验室坝体

图 3－26　现场和实验堰塞坝（单位：m）

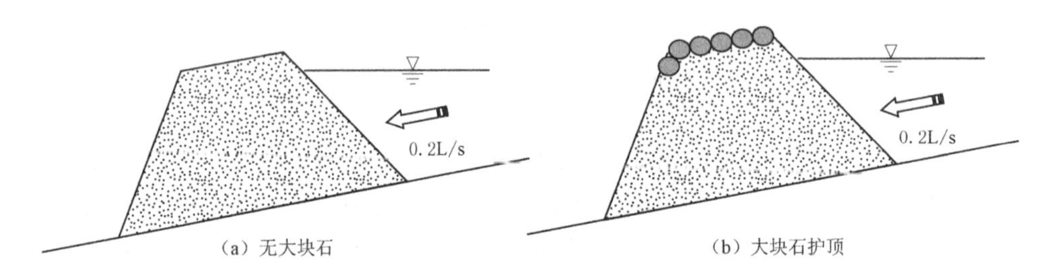


（a）无大块石　　（b）大块石护顶

图 3－27　坝顶大块石护顶影响的试验方案

为了分析坝体尺寸的影响，当流量为 0.2L/s 时采用了一个更小尺寸的堰塞坝（试验 5）。同时，试验中考虑了 2 种导流槽：梯形导流槽和三角形导流槽。设导流槽的堰塞坝也考虑了不同的来流量和坝体尺寸（试验 6、试验 7、试验 8、试验 9）。

本试验通过小型水泵把水抽入水箱，通过控制水箱的水压及水箱阀门分流等措施来控制水量，同一组试验过程中保持水量恒定。为了测定坝体的水流下泄流量，在玻璃槽末端设立三角形量水堰。实验过程中，采用正面及侧面两台摄像机进行全程监控。在实验结果分析过程中，主要通过分析监测录像，来获取坝体溃决过程的有关信息。

堰塞坝泄流冲刷实验前，上流来水流量恒定，由于堰塞坝的阻碍，水体缓慢壅高，当水流漫过坝顶（没设置引流槽）或溃口底部（设置了引流槽）开始进行泄流冲刷，期间伴随着泥沙的输移。直到坝体达到相对稳定的形态，实验过程结束，此过程中上游来水保持恒定。

### 3.4.2　溃坝过程

漫顶破坏是由于库区水体无法宣泄导致水位不断上升引起的，当来水量高于渗流量时，水流漫顶就将不可避免。漫顶破坏主要经历了水位上升、水流溢坝、贴坡侵蚀、陡坎冲蚀、水流溯源等多个阶段，如图 3－28 所示。

漫顶破坏是一种溯源冲刷破坏，首先发生于坝顶和下游坡面接触部位，流量较小，冲

刷较缓慢，形成冲沟并向上游发展；当溃口发展到上游边缘时，流量迅速增大，冲刷加剧，溃口两侧发生间歇性坍塌。因此，坝体的溃决按先后顺序分主要可以分为两大阶段：溃口贯通阶段，该阶段属于缓慢侵蚀阶段，图3-28 (a)～(e) 都属于该阶段，主要发生陡坎冲蚀和溯源推进；以及溃口拓展阶段，该阶段属于快速侵蚀阶段，溃口形成后至溃坝完成都属于这阶段，包括图3-28 (f)～(i) 阶段。溃决过程中，由于水流的淘脚作用，溃口边坡近似垂直。

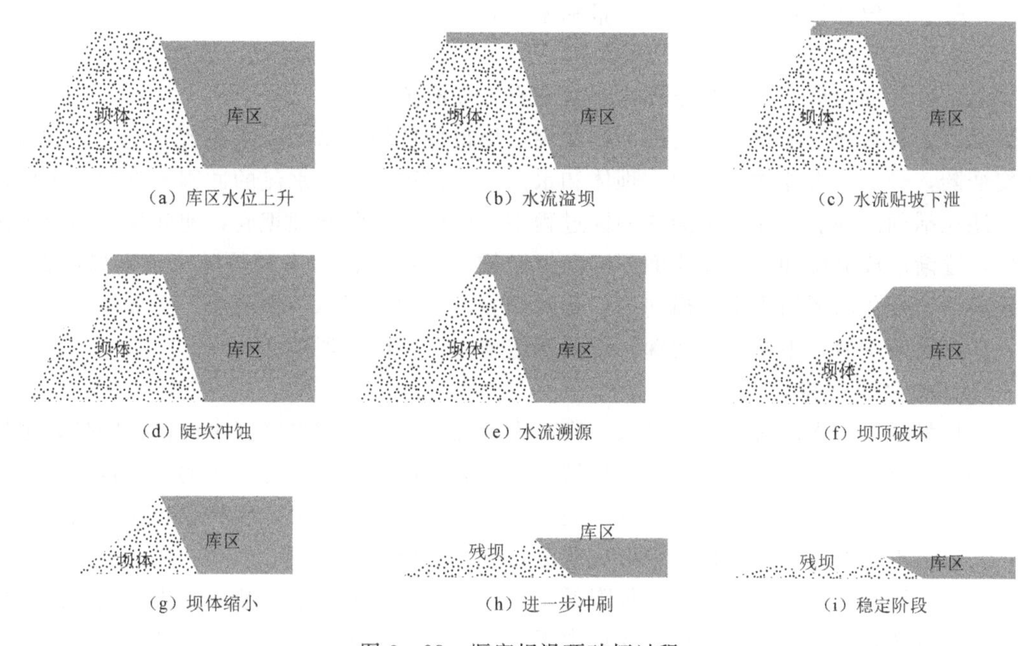


图3-28 堰塞坝漫顶破坏过程

1. 溃口贯通过程

溃口贯通是一个较缓慢的过程。当水位达到坝顶时，水流总是寻找最低、最薄弱处运动，清水呈舌状缓缓向前流动。当发生水流漫顶后，水流产生的剪应力作用于整个过流界面，在坝体的薄弱部位发生局部破坏，同时渗流降低了坝体的抗剪强度，形成大量的孤粒，由于颗粒的大小不一、分布不均，形成的剪应力强弱各异。细小颗粒间接触面积小，水流只需克服其摩擦力，很容易将其搬移，形成初始溃口，为进一步的破坏提供了作用空间；大颗粒抗剪强度较大，只能在小颗粒搬移后发生蠕动，堆积于溃口表面，稳定性较高，两个过程相继发生且互为补充。此时，库区水位仍在不断上升，坝体上游侧呈现出水深大、流速小的特点；而在坝体下游侧下切作用较强，在下游面以喇叭状不断扩大，溃口垂向发展迅速但横向发展缓慢，该过程延续时间较长。随着水流的下泄，由于水体的重力作用及侵蚀性，水流对下游坡面进行淘刷，形成陡坎冲蚀，如图3-29所

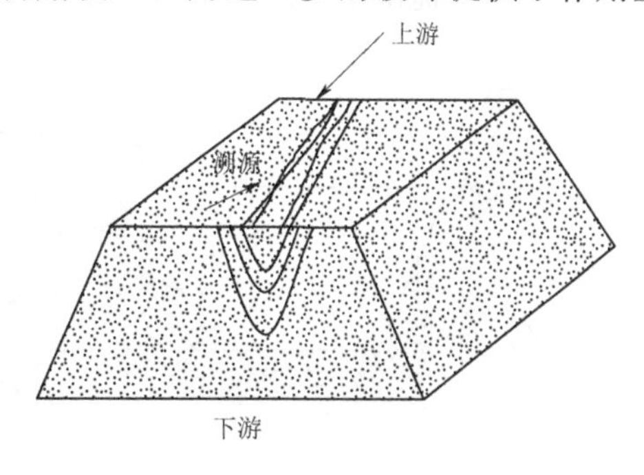


图3-29 水流坝后侵蚀

示，此时水流不再贴着坡面流动，下游坡度越缓，陡坎现象越明显。Hanson 等（2001年）根据水槽试验和理论分析，总结出了陡坎侵蚀速率的计算公式[103]。

$$\frac{\mathrm{d}X}{\mathrm{d}t}=\left(\frac{H}{2E_v}\right)k_d(\tau_e-\tau_c) \tag{3-4}$$

式中 $H$——陡坎高度；

$E_v$——临空面在水平方向上的长度；

$k_d$——侵蚀系数，与土体含水量和密度有关；

$\tau_e$——陡坎剪应力；

$\tau_c$——临界剪切力，与土体含水量和密实度有关。

垂直于跌水面的陡坎剪应力的冲刷作用，使得冲坑深度增大，水头落差变大，陡坎的坡度变陡，进而增大陡坎剪应力，坝体和水流相互促进。溃口水流的冲刷不仅包括表面冲刷，还包括溯源冲刷。在产生陡坎冲蚀过程中，剪应力不断侵蚀坝底，使陡坎不断向上游发展，逐渐形成溯源冲蚀，陡坎面不断向上游推进，溃口内的大颗粒随水流向跌槛滚落。该阶段溃口变化以下切为主，横向拓展相对缓慢。当冲蚀到达坝顶前缘，形成了贯通的溃口，溃口逐渐发展，不断拓宽淘深，流量迅速增大，坝体剧烈破坏。

2. 溃口拓展过程

溃口贯通后，水流流速迅速增大，库水大量涌向溃口，使得库区水位迅速降低，坝体冲蚀加剧，溃口不断拓宽淘深，两侧坝坡发生间歇性崩塌，加速了坝体的溃决过程。当横向拓展达到一定程度后，溃口边坡发生失稳，溃口突然增大。由于坝料颗粒及结构的不均匀，溃口也不对称，水流将在坡脚形成绕流，进一步切割坡脚。

随着水流的大量下泄，上游水位降低，上游部位的侵蚀逐渐衰减并露出水面，溃口的垂向侵蚀减缓，水流的侵蚀重点主要集中于下游边壁，水流通过淘刷溃口坡脚，引起边坡的坍塌，坍塌坝料下落随后被水流带至下游，为下一次的坍塌提供空间，因此溃口一直近似于垂直如图 3-30 所示。横向拓展主要受水流流速和坝体物质组成控制，溃口的拓展直至水流降低至坝料的启动流速，坝体溃决基本结束，溃口流量接近于上游来水量，溃口底部仍存在微弱的冲刷，溃口边坡可能发生较小的坍塌，水流与颗粒达到动态平衡。坝料的启动流速主要与颗粒粒径、容重、水深等因素有关，国内外专家学者（如苏联的伊兹巴斯、岗恰洛夫，我国窦国仁、唐存本、沙玉清、张瑞瑾、张红武等）都对泥沙冲刷做了大量的研究，并提出了相应的泥沙启动速度计算公式[14]。

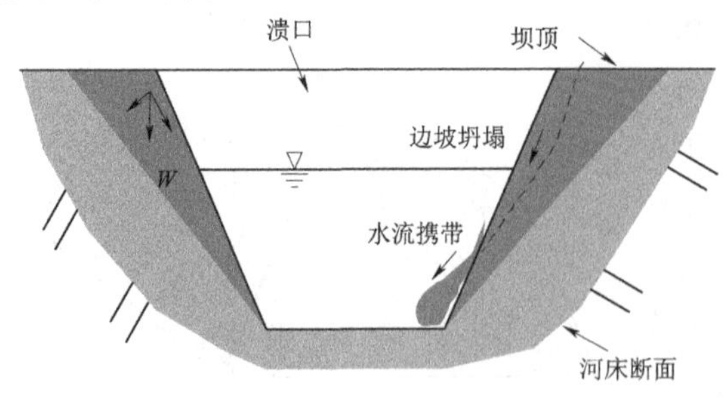


图 3-30 溃口横向发展（边坡坍塌）

综上分析，溃坝过程主要经历了溃口贯通阶段和溃口拓展两个阶段，且在实验初始阶段，溃口变化缓慢，主要是淘冲细沙的过程，待水能积累到一定程度，能够搬移较大砾石后，流速骤然增大，搬移更大砾石，导致坝体短时间溃决。在溃口贯通阶段，溃口主要以陡坎冲蚀、溯源推进为主，溃口深度变化较大，而宽度变化较小；在溃口拓展阶段，

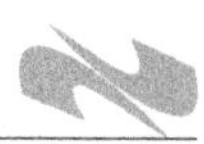

水流流速较大，直接淘刷溃口底部，溃口坡脚处淘冲严重，导致边坡坍塌，坍塌料继而被水流带到下游，为下一次坍塌提供空间，溃口不断拓宽；溃决过程中，坝料吸水后具有一定的黏滞性，溃口边壁近乎垂直，为后续的边坡坍塌提供了条件。随着大量水体的下泄，流速逐渐变小，到无法冲刷搬移较小粒径，残余坝体趋于稳定，溃坝过程结束。通过溃口大小变化过程，能有力的反映出各因素在溃口拓展中所起的作用[104]。

### 3.4.3 影响因素

1. 入流量

入流量在堰塞坝溃决过程中扮演重要角色。在初始阶段，上游来水被堰塞坝拦截导致库区水位上升，随着水位的不断上升，当到达或接近坝顶时将发生漫顶，坝体被侵蚀。由于坝体结构松散、渗透性强，很容易发生侵蚀破坏。图 3-31 为水流漫顶诱发坝体溃决。

(a) $Q$=0.1L/s

(b) $Q$=0.2L/s

(c) $Q$=2.0L/s

图 3-31 水流漫顶诱发坝体溃决

如图 3-31 所示，当入流量很小时，意味着水流速相应较小，对坝体的侵蚀能力较弱，漫顶前坝体保持稳定，漫顶后，堰塞体顶部发生破坏。当流量 $Q$=0.1L/s，0.2L/s 时，坝体下游发生进一步的破坏［如图 3-31 (a)、(b)］。然而，大流量意味着对坝体的大侵蚀，溃口在坝体中部形成，短时间内发生溃决。对于堰塞坝的最终溃决模式，当流量 $Q$=0.1L/s、0.2L/s 时，坝体下游只有部分破坏，而流量 $Q$=2.0L/s 时，坝体完全破坏，图 3-32 为不同入水量下坝体顶长的演变过程（初始破坏时间为演变曲线的原点）。

如图 3-32 所示，不同的来流量将导致不同的堰塞坝侵蚀速率，堰塞坝的溃决速度随着来流量的增加而加快。当来流量为 0.1L/s、0.2L/s 时，水流漫坝后，坝体强度快速降低，小颗粒被水流带走，在坝体顶部下游侧发生局部崩塌，进一步的崩塌持续发生且加剧。当坝体破坏到一定程度，通过大颗粒坝体能保持一个相对稳定状态，水流处于平衡状

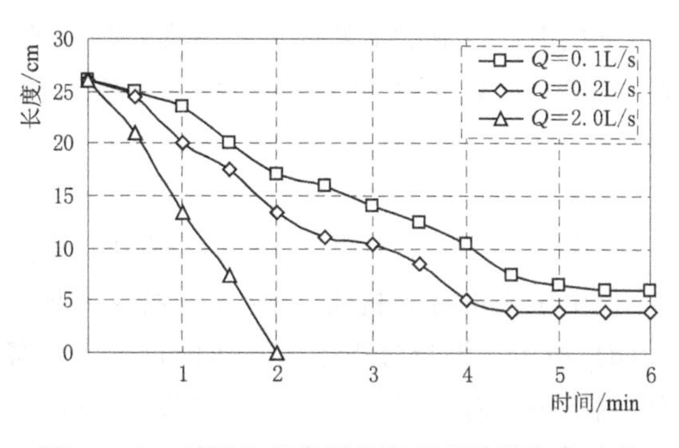


图 3-32 不同入流量下堰塞坝顶长的演变过程

态，上游来流量大致等于下泄量，坝体不再继续破坏。相比较来流量为 0.1L/s、0.2L/s 的破坏模式，较大的来流量将导致坝体快速破坏。如果流量足够大，水流的侵蚀作用将是巨大的，堰塞坝的破坏速度相对迅速，坝体发生完全溃决。坝体溃决导致巨大洪水下泄，当流量足够大（试验中是 2.0L/s），在堰塞坝的中部形成溃口，在水流作用下逐渐拓展，最后，导致坝体的完全溃决。图 3-33 为流量是 2.0L/s 时的溃口演变过程。

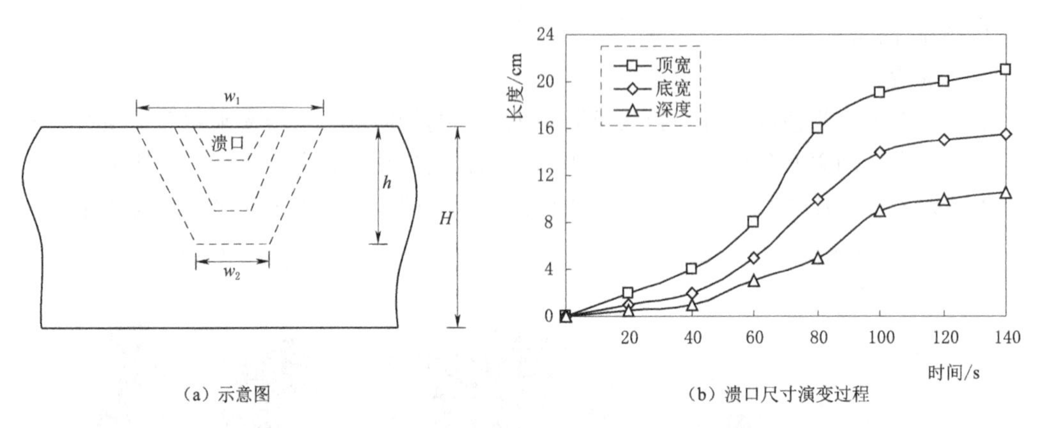


图 3-33　来流量为 2.0L/s 时的溃口演变过程

如图 3-33（a）所示，溃口深度为 $h$，顶宽为 $w_1$，底宽为 $w_2$，堰塞坝第一次破坏后，溃口宽度（包括顶宽、底宽和深度）在持续水流作用下不断增大。在初始阶段，漫顶水流导致坝顶形成较小溃口，但溃口尺寸缓慢增加，接着，溃决速度加快，直到坝体大致保持平衡［图 3-33（b）］。当流速较大时，两侧溃口宽度快速增加。

堰塞湖上游来流量的多寡，对坝体的安全稳定极其重要。因此，在堰塞体的应急除险过程中，可以通过上游库区的调节作用，控制库区来水量，如鲁甸地震形成的红石岩堰塞湖应急除险过程中，采用上游德泽水库的调节作用，降低了库区来水量，为堰塞湖的防灾减灾争取了大量时间。

2. 坝顶大块石护顶

漫顶过程中，堰塞坝的抗侵蚀能力主要取决于颗粒大小和水流速度。小颗粒很容易被水流带到下游，而大颗粒很难被水流携带。大块石的抗侵蚀能力大于小颗粒，所以，“5·12”汶川地震引发的堰塞坝中，主要由大块石组成的堰塞坝，其能经受多个雨季，而大多数由土质滑坡形成的堰塞湖已经消失。坝料的抗侵蚀能力对堰塞坝的溃决机理具有直接影响。这里，设置了两组对比试验来分析坝顶存在大块石下的堰塞坝溃决机理［图 3-34（a）、（b）］，两组试验尺寸、来流量均相同，具有相同的级配组成，前者在坝体顶部设置大块石，后者没有。

如图 3-34（c）所示，漫顶过程中，虽然水体深入坝体，在坝体下游面发生局部破坏，但由于大块石的抗侵蚀能力较强，坝顶布有大块石的堰塞坝为发生溃决。如图 3-34（d）所示，漫顶过程中，坝体的抗剪强度降低，引发坝体破坏，细颗粒和小石块被水流带到下游。对比图 3-34（c）和图 3-34（d），当水流低于一定值时，坝顶大块石能控制堰塞坝的侵蚀，但如果水流足够大，堰塞坝将溃决。

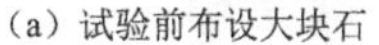

(a) 试验前布设大块石

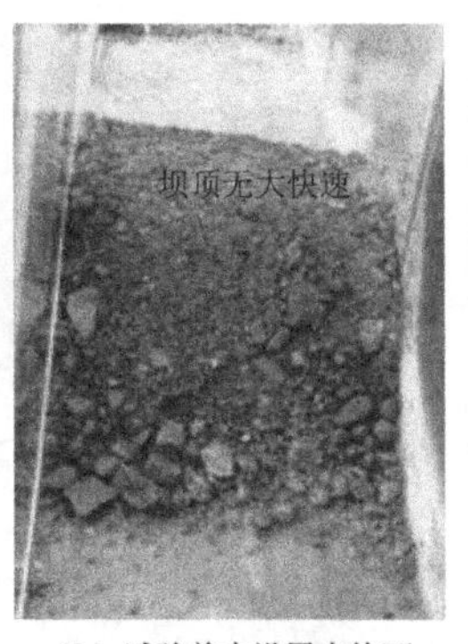

(b) 试验前未设置大块石

(c) 设置大块石的堰塞坝破坏模式

(d) 未设置大块石的堰塞坝破坏模式

图 3-34 坝顶大块石护顶试验

试验结果表明，大块石护面能够较好增大坝体自重，提高坝体的抗侵蚀能力，因此在堰塞体的应急处理中，可以通过坝体布设大块石护面的方法来制止或延缓坝体的溃决，同时能够较大程度的控制爬坡涌浪的侵蚀作用。如绵远河上的打靶场堰塞湖，坝高 60m，下游坡比仅 1∶0.7，属于高危堰塞体，由于其下游中下部主要为巨石嵌固于两岸直立基岩之间，形成护面效应，抗冲刷能力较强；徐家坝堰塞湖坝面存在大量块石，其结构也相对稳定，如图 3-35 所示。

(a) 打靶场堰塞湖

(b) 徐家坝堰塞湖

图 3-35 大块石固面

3. 坝体尺寸

为了分析坝体尺寸对堰塞坝溃决机理影响，设计了两组堰塞坝坝顶长度。不同坝体尺寸的溃决模式表现出不同的特征。图 3-36 反映了坝体尺寸影响的堰塞坝溃决模式。

如图 3-37 所示，坝体长度越小，溃坝历时越短，破坏程度越大。当堰塞坝的长度足够小时，坝体像梁结构，无法承载较大的水荷载，常在坝体中部产生破坏，图 3-38 为坝顶长度为 13cm 时的溃口演变过程。

如图 3-38 所示，由于坝体尺寸较小，其薄弱点较多。当漫顶水流通过坝顶时，坝体无法承受压力力及水力侵蚀，坝顶较易破坏，然后水体快速进入坝体，坝体结构被破坏。

（a）坝顶长度26cm

（b）坝顶长度13cm

图3-36　坝体尺寸影响下的溃坝模式

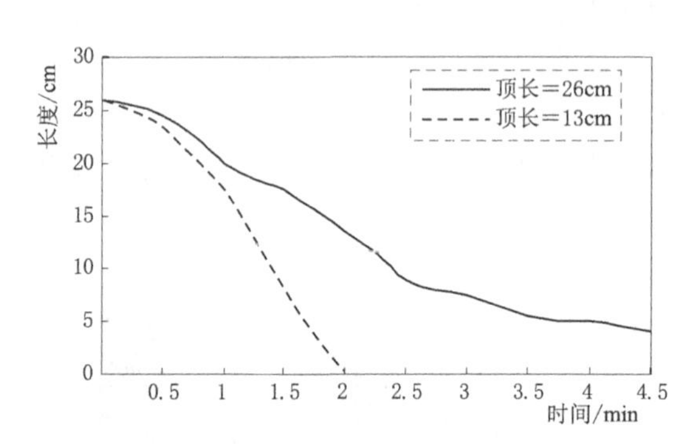


图3-37　不同坝体尺寸情况下堰塞坝坝顶长度演变过程

在水流作用下，溃口短时间内不断增大，导致堰塞坝的完全溃决［图3-38（b）］。在工程实践中，如果堰塞坝的长宽比较大，意味着其危险性较长宽比较小的坝体大得多。在“5·12”汶川地震灾区，大多数长宽比较大的坝体在随后的雨季发生溃决，因此在应急处理后，可以采用增加坝体厚度的方式进行综合治理，如定向爆破坝体下游山体，增加堰塞体的厚度及自重。

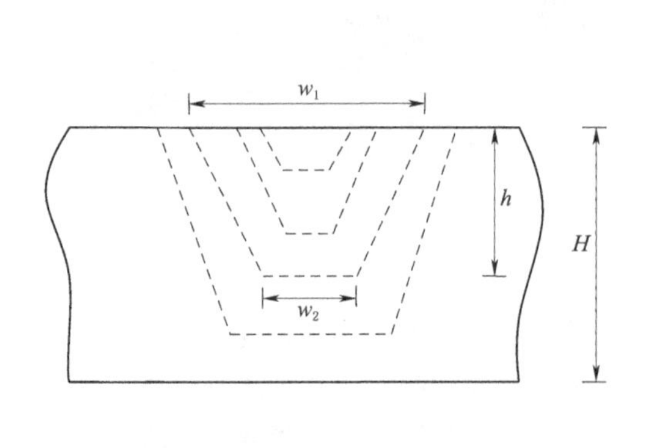


（a）溃口示意图

（b）溃口尺寸演变过程

图3-38　坝顶长度为13cm时的溃口演变过程

4. 下泄渠道

堰塞坝库区容积通常较大，对下游安全构成巨大威胁。堰塞坝通常需要进行泄洪流量

分析，主要有两种类型的堰塞坝泄洪治理方案：溢洪道和导流槽。由于溢洪道成本相对较高、周期较长，所以在堰塞坝应急处理中常采用导流槽。导流槽开挖后，堰塞坝库区水位能控制在一定范围内，但导流槽中的水流流速将增加并且引起坝体侵蚀，甚至引发堰塞坝的溃决。了解导流槽在堰塞坝溃决过程中的作用对于防灾减灾及应急措施的提出具有重要意义。文中考虑了两种形状的导流槽：梯形导流槽和三角形导流槽。图 3-39 为无导流槽的堰塞坝溃决过程。

(a) 20s

(b) 140s

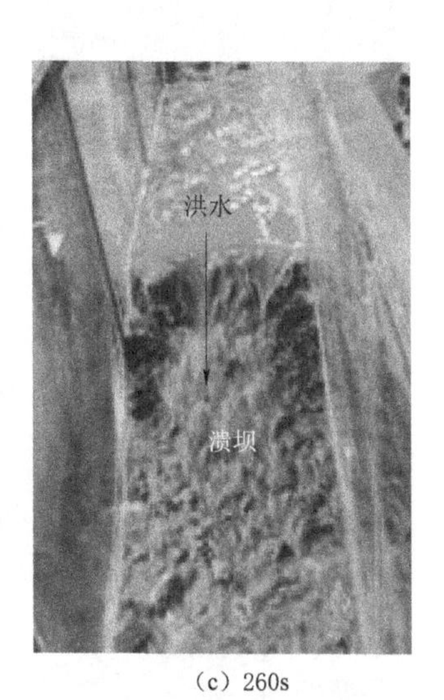


(c) 260s

图 3-39 无导流槽的堰塞坝溃决过程

如图 3-39 所示，库区水位上升，由于水压力的增大和坝体材料强度的降低，在坝体下游坡面的坝脚部位发生局部破坏［图 3-39 (a)］。随着库区水位的持续上升，水流渗入坝体，引起坝体下游坡面连续性破坏［图 3-39 (b)］。随着坝体的持续破坏，堰塞坝发生溃决，引发溃坝洪水下泄［图 3-39 (c)］。

开设导流槽的堰塞坝破坏过程与未开设的相差较大。图 3-40 为开设梯形导流槽的堰塞坝溃决过程。

如图 3-40 所示，在开始阶段，随着上游水流的持续入库，库区水位不断增加，然后，水流到达导流槽，由于泄流通道过流面的减少，水流速增加，持续性的坝体破坏出现在导流槽两侧。导流槽底部被水流掏蚀，坝体下游坡面出现持续破坏［图 3-40 (b)］。最后，下泄水流处于相对稳定阶段，上游来水量和下泄量大致平衡，坝体不再发生进一步的破坏［图 3-40 (c)］，当然，由于水体淘刷和材料粘结强度的下降，局部仍出现小范围的破坏。

为了分析设置不同形状的导流槽的堰塞坝破坏机理，开展了三角形导流槽堰塞坝试验。图 3-41 为开设三角形导流槽堰塞坝破坏过程。

如图 3-41 所示，开设三角形导流槽的堰塞坝的破坏过程大体相同，但是由于导流槽泄流面减少导致泄流速度增大，因而侵蚀深度和泄流速度较梯形导流槽更显著，在坝体下游也发生持续的淘刷破坏。三角形导流槽堰塞坝的溃决方量较梯形更大，所以在堰塞坝溃

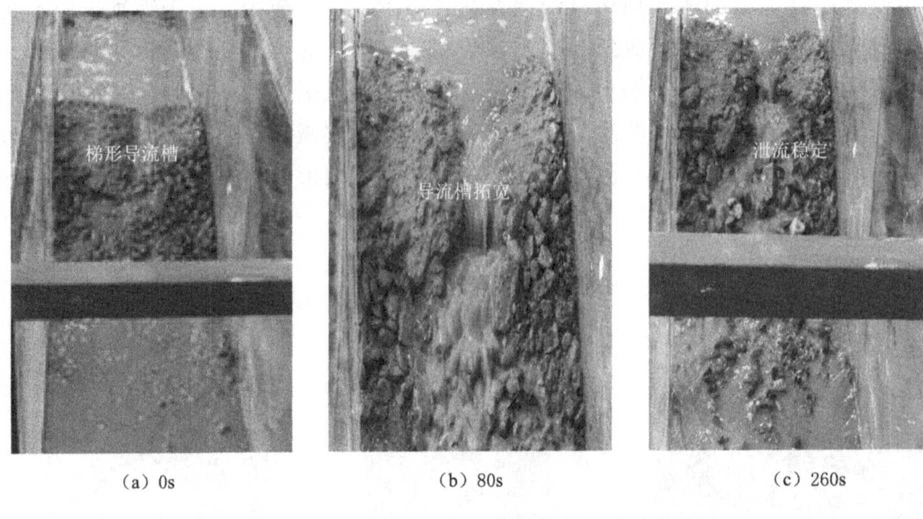


(a) 0s　　(b) 80s　　(c) 260s

图 3-40　开设梯形导流槽的堰塞坝溃决过程

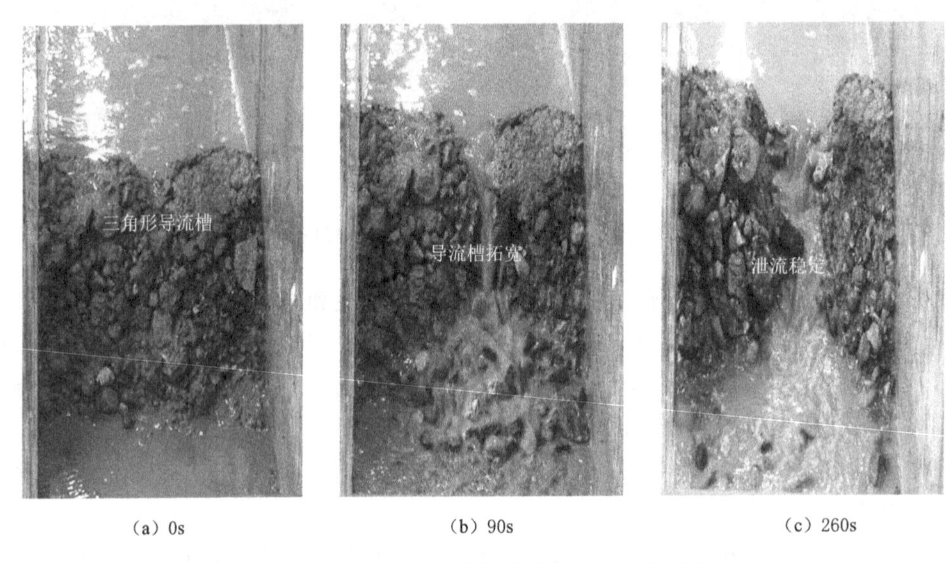


(a) 0s　　(b) 90s　　(c) 260s

图 3-41　开设三角形导流槽堰塞坝破坏过程

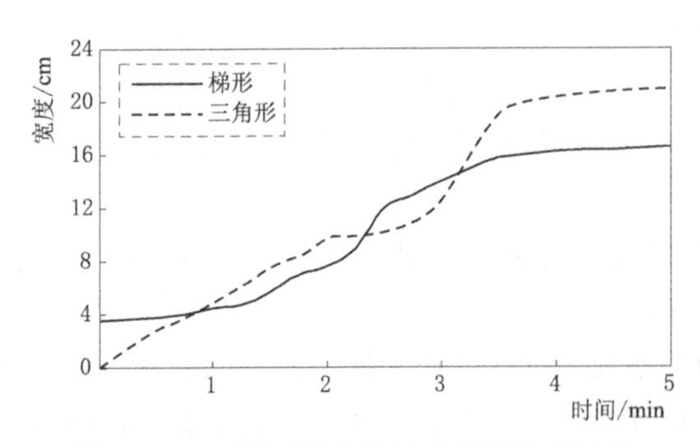


图 3-42　不同形状导流槽的底宽演变过程

决应急处理中一般很少采用三角形导流槽模式。

尽管开挖泄洪槽能控制库区水位，但槽内水流流速将增加，导致泄洪槽两侧和底部受到较大侵蚀。开设导流槽可能降低坝体稳定性而导致整体溃决，引发灾难性的后果。图 3-42 为不同形状导流槽的底宽演变过程。对于梯形导流槽，水流开始通过导流槽后，初期泄洪槽宽度拓展缓慢，当

泄流量接近峰值时，导流槽迅速拓展，最后逐渐保持某一定值，意味着水流处于大致平衡。对于三角形导流槽，水流开始通过导流槽后，泄洪槽宽度随着水流淘刷持续拓展，后期也将达到一个流量平衡状态，但最后的导流槽宽度较梯形槽更大。

因此，在堰塞体的应急除险过程中，开设梯形导流槽使坝体按照人为意愿是一种较有效的应急处理措施。同时，在堰塞体导流槽的开设过程中，为了人为延缓（或加快）导流槽的扩容过程，控制下泄流量，可槽内布设（或清除）大块石，典型的如"5·12"汶川地震诱发的一把刀堰塞湖和唐家山堰塞湖。

一把刀堰塞湖位于绵远河干流上，"5·12"汶川地震中，两岸山体发生崩滑堵江，形成顺河长约500m、宽约50m、高约28m的堰塞体，总方量约90万$m^3$。堰塞体以块碎石土为主，部分孤石直径超过10m，成分主要为灰岩，粒径大于0.8m的超过10%。在泄洪槽泄洪过程中，由于大块石护底护壁作用，一定程度延缓了堰塞坝溃决过程，降低了下游河床冲刷，如图3-43所示。

图3-43 一把刀堰塞湖泄流槽泄流

"5·12"汶川地震诱发的最大堰塞湖——唐家山堰塞湖在泄洪过程中为了充分发挥水力冲刷作用而扩大引流槽断面（扩容），把导流槽布置在土层厚度达20m的易冲蚀右岸，初始底高程为740.37m，过水平稳，但泄流较慢，未到达预期下泄能力，导流槽上游段水体较清澈、下半段因水体淘刷形成浑水细砂石下泄，流量大致在10$m^3$/s。四川大学杨兴国等专家指出泄流槽下游段因巨石的阻滞作用影响了水体泄流效果［图3-44（a)］，某工兵团于6月9日晚6点消除了槽内的岩埂、巨石（消阻），流量快速增加，并于10日中午达到最大下泄流量6800$m^3$/s（图3-45）。由于后续水流持续的冲刷，泄流结束后最低高程低于预期的720.00m高程，11日中午测定为713.50m。

5. 试验结果与现场现象对比

枷担湾堰塞坝形成后，为了降低溃坝对下游的风险，在坝体左岸开设了一导流槽，该导流槽底宽6m，两侧坡度30°，深7m，导流槽的长度为540m。然而，在下一个雨季，坝体在导流槽部位发生局部溃决，导致下游河床抬高2～3m，如图3-46（a）所示。图3-46（b）为枷担湾模拟实验的试验结果。

天然坝的溃决结果和试验坝的溃决结果相似。坝体溃决后，细颗粒物质被水流带走，大颗粒物质堆积在坝址下游不远处。由于河道坡度较缓，大量颗粒物质堆积在坝体下游，

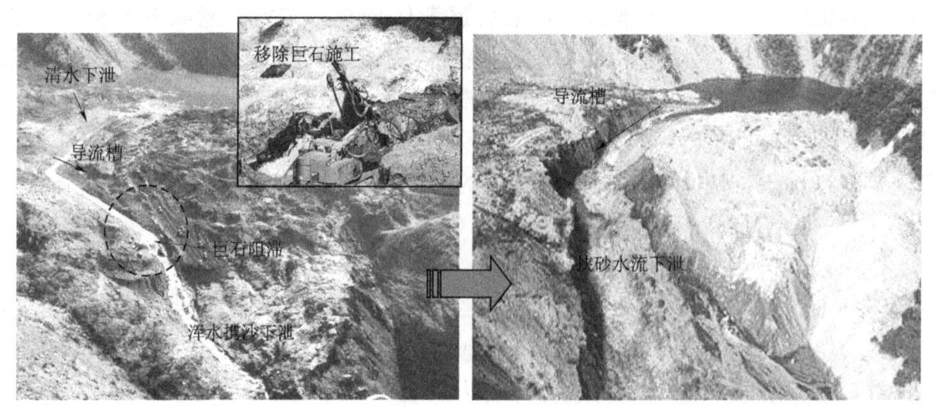


（a）2008年6月9日消阻前缓慢泄流　　（b）2008年6月10日消阻后快速安全泄洪

图 3-44　唐家山堰塞湖导流槽块石消阻前后泄流形态

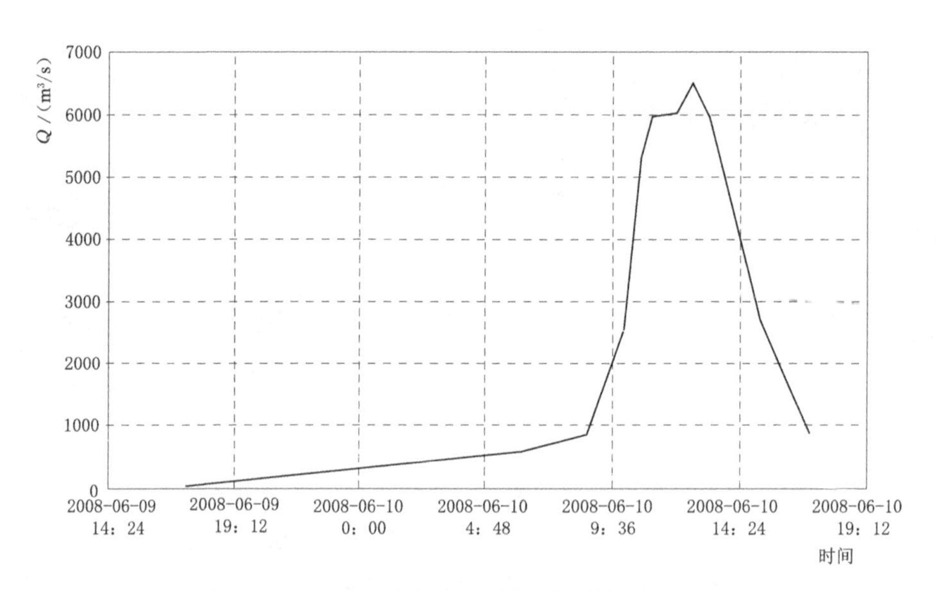


图 3-45　唐家山堰塞湖导流槽泄流实测流量过程线

（a）天然坝溃决　　（b）试验坝溃决

图 3-46　堰塞坝的溃决模式

更大些的颗粒堆积在表面。试验情况和现场时一致的，符合溃坝的一般规律。

## 3.5 本章小结

滑坡堰塞湖是库岸滑坡堵江的结果，是山区河流较常见的自然现象。本章通过试验对堰塞坝的溃决方式、影响因素及溃决过程分析，主要得出以下结论。

(1) 滑坡涌浪是堰塞湖溃决的常见诱因，其产生的水位壅高及冲击荷载对堰塞体稳定性有较大影响，其中，接触面积、滑坡高度是影响涌浪规模的主要因素，其将直接影响坝体稳定。为了降低滑坡涌浪规模和风险，必须提前做好预测工作，同时，采取相应的工程措施以保证下游人民生命财产安全。

(2) 以枷担湾堰塞湖为背景，分析了堰塞坝的溃决机理，考虑了来水量、坝顶大块石护顶效应、大坝尺寸和导流槽等四个因素。结果表明，当流量为 0.1L/s、0.2L/s 发生局部溃坝，当流量为 2.0L/s 发生完全溃坝；当流量一定时，坝顶大块石能控制水流对坝体侵蚀；如果坝体较薄，坝体的稳定性和抗侵蚀性较差，在常规水流下就能够发生溃决；设置导流槽将降低完全溃坝的可能性，尤其是梯形导流槽。根据分析结果，提出了协调上游库区控制上游来流量、坝体增设大块石护坡、爆破下游山体增加自重、采用梯形导流槽等堰塞湖应急除险措施，对于堰塞湖的防灾减灾具有较大的借鉴意义。

# 第4章　堰塞坝溃决洪水演进及水动力学分析

## 4.1　概述

堰塞湖灾害链的危害主要体现在水的灾害上，包括堰塞坝阶段的库区淹没以及溃坝后的洪水演进与洪水冲击。当滑坡体堵塞河道后，上游来水被堵塞在库区，无宣泄通道，形成水库。水位不断升高，较低高程的河岸被淹没，动植物及相关构筑物将遭受没顶之灾。随着水面的不断增大，水位升高的过程中，水面不断增大，淹没速度减慢，直到形成新的下泄通道，或者溃坝，水位才能降低。当堰塞坝溃决后，库水在重力作用下高速下泄，水流不断通过溃口，对溃口及河床产生剧烈淘刷，超标号的下泄洪水将冲毁、掩埋途径的一切构筑物，对下游人民的生命财产安全造成灾难，同时对下游的生态环境形成恶劣影响[106]。历史上多次发生堰塞湖溃决事件，如1933年岷江叠溪海子在形成45d后发生溃决，溃坝洪水涉及下游1000余公里的宜宾市，沿途水毁村庄、农田无数、人员伤亡2万人以上；1967年雅砻江唐古栋堰塞湖形成9d后发生溃决，历时12h，最大流量5.7万$m^3/s$，洪水涉及下游1700km的重庆市，雅砻江下游两岸表层覆盖物冲刷殆尽；2000年西藏易贡堰塞湖形成2个月后发生溃决（为降低灾害规模而人工引流溃决），沿途构筑物完全冲毁，涉及墨脱、波密、林芝三县90多个乡，溃坝洪水远达藏南地区，并且诱发了大量的崩塌、滑坡、泥石流等次级灾害。堰塞体溃决造成了超常规的水体下泄，堰塞湖灾害处理方案的提出离不开对洪水的预测，因此，预测溃坝洪水规模及其可能的演化规律，是堰塞湖灾害防灾减灾过程中极为重要的关键环节。

本章在总结前人研究成果的基础上，基于能量方程、动量方程、水量平衡方程等理论，提出了计算溃坝洪水演进及其冲击荷载的数学模型，为堰塞湖灾害规模、范围的预测和风险评估提供了重要依据，对于更好理解堰塞湖灾害链的破坏机理具有较大帮助。

## 4.2　溃坝洪水演进数学模型

堰塞体溃决后，由于上下游水位差作用，库水快速下泄，形成较大的下泄水流，图4-1为溃坝洪水示意图。其中，坝址（溃口）流量过程和下游洪峰演进过程是溃坝洪水规模的常用评价指标。溃口流量计算主要有以下3种方法：①通过回归方程，建立库坝体、河流断面等参数与溃口拓展速度及溃口流量之间关系，大致得出溃口流量；②基于溃口物理发展过程，通过泥沙动力学、土力学和水力学等综合考虑，进而计算溃口流量；③基于溃口宽度、溃决时间等部分关键参数，计算溃口流量。其中，方法①忽视了溃决机理，其计算精度有待提高；方法②虽然精度较高，但计算难度较大，需要提供较详细的参

数，而现实中往往能够提供的参数非常有限；方法③结合了上两种的优缺点，计算较简便，精度有一定的保证。本书在分析溃口流量时，采用了第3种方法。

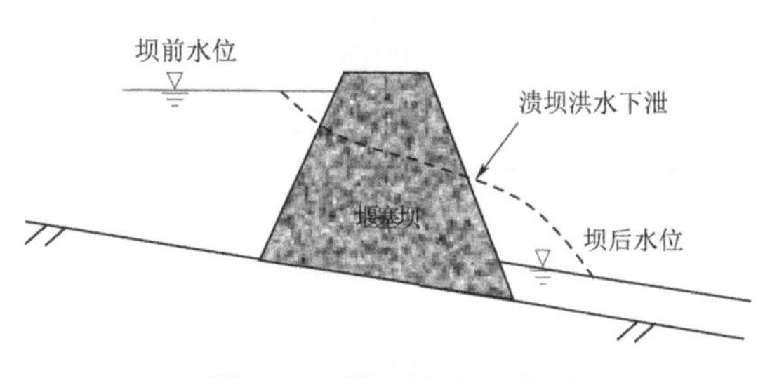


图4-1 溃坝洪水示意图

### 4.2.1 堰塞体溃决溃口预测模型

在溃坝洪水形成与演进模拟过程中，模拟结果的准确性主要受溃口形状及其拓展过程的影响，但为了简化计算过程，大多数模型都完全的忽略了溃口的拓展过程。不同的模型对溃口形状做了不同的假定，如HW模型假定溃口为梯形、BEED模型假定溃口为矩形、Harris模型假定溃口为抛物线形。

作者根据唐家山等10余座堰塞湖应急处置工作总结（图4-2）和文献归纳发现，溃

图4-2 “5·12”汶川地震典型堰塞湖溃口泄流

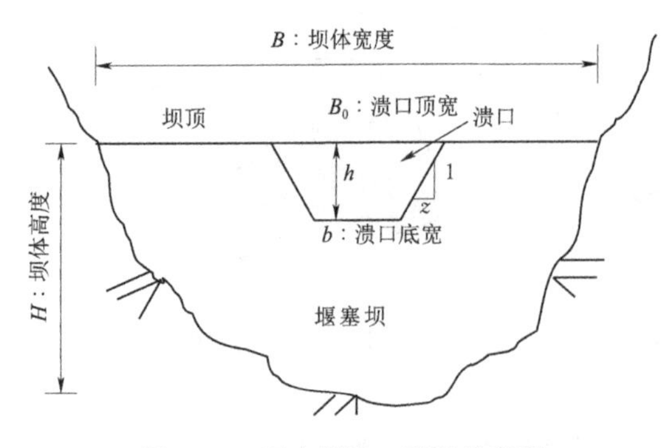

图 4-3　堰塞坝溃口形状示意图

口的形态主要受堰塞体的土石料特性、坝体分层结构及水文情势的影响，其中土石料特性决定了溃口的宽度及坡脚、分层结构及水文情势决定了溃口的深度，溃口通常表现为近似梯形，这也符合水流侵蚀的特点，图 4-3 为对坝体溃口形状示意图。

基于梯形特点，溃口采用 3 个参数控制，溃口深度 $h$、溃口底宽 $b$ 和溃口边坡 $z$。溃口底宽 $b$ 和溃口顶宽 $B_0$ 可以表示为：$b=B_0-2hz$。为了直观的反映溃口的宽度、深度特点，论文引入宽度系数 $k_1$、深度系数 $k_2$，其表达式如下：

$$B_0=k_1B, h=k_2H \tag{4-1}$$

式中　$B$——坝体宽度；
$B_0$——溃口顶宽；
$k_1$——宽度系数；
$H$——坝体高度；
$h$——溃口深度；
$k_2$——深度系数。

参数 $k_1$ 与 $k_2$ 均小于等于 1.0，当 $k_1=1.0$，$k_2=1.0$ 时表示坝体完全溃决。然后，梯形溃口底宽可以表示为

$$b=k_1B-2k_2Hz \tag{4-2}$$

溃口形状主要取决于上述几何参数，矩形和三角形可以认为是梯形的一个特例。对于矩形溃口，$b>0$、$z=0$；对于三角形溃口，$b=0$、$z>0$。溃口坡度 $z$ 和坝体材料有关，对于某一特定的堰塞体，其溃口坡度可依据其力学性能参数大致获得，溃口坡度 $z$ 由公式 $z=\tan(45°+\psi/2)$ 确定，其中，$\psi$ 是坝料的内摩擦角。

改变宽度系数 $k_1$、深度系数 $k_2$，可以得到不同的梯形溃口断面。

### 4.2.2　溃坝洪水预测模型

1. 洪峰流量

基于不同假设，现有的洪峰预测模型（如 Saint - Venant 方程、Ritter 方程等）大多考虑坝体全溃、半溃、三分之一溃等。然而，堰塞坝的溃决仅仅是其中一部分溃决，溃口的形状近似于梯形，溃口大小根据坝体材料和水流条件而存在差异。论文中，采用美国水道实验室的经验公式来计算溃坝的洪峰流量，并对某些参数进行了改进。结合谢润之教授的统一公式，提出了参数 λ 以反映溃口宽度、深度、倾角的影响[34]。

$$Q_{max}=\lambda k_1^{0.72}k_2^{1.22}B\sqrt{g}H^{\frac{3}{2}} \tag{4-3}$$

式中　$Q_{max}$——坝址最大流量，$m^3/s$；
$B$——坝长，m；
$H$——溃坝前上游水深，m；

$k_1$——宽度系数；

$k_2$——深度系数；

$g$——重力加速度，9.8m/s²。

$$m=\frac{\lg\frac{bh+h^2z}{b+z}}{\lg h}=\frac{\lg\frac{k_1k_2BH}{k_1B-(k_2H-1)z}}{\lg k_2H} \tag{4-4}$$

参数 $\lambda$ 由下式获取

$$\lambda=m^{m-1}\left(\frac{2\sqrt{m}}{1+2m}\right)^{2m+1} \tag{4-5}$$

式中 $m$——断面形状指数。

溃口流量假定为连续水流，对于特定的库区，溃前上游水深为 $H$，总宽度为 $B$，这两个参数可以现场确定，所以假设 $a$ 为定值。

$$a=B\sqrt{g}H^{1.5} \tag{4-6}$$

因此，式（4-3）可以改写为

$$Q_{max}=\lambda k_1^{0.72}k_2^{1.22}a \tag{4-7}$$

$Q_{max}$ 与宽度系数 $k_1$、深度系数 $k_2$ 和溃口坡度倾角 $z$ 以及水库参数有关。

2. 坝址流量过程

坝址处的流量主要有理论法和经验法两种计算方法，前者是基于数学原理，获得理论、半理论公式，然后计算坝址处的流量曲线，这种方法考虑了大量相关因素，更全面，得出的结果更可信，但计算过程复杂，实际中很难应用；后者是基于典型的流量过程曲线，工程实践中，坝址处的流量曲线经常采用四阶抛物线方程，图 4-4 为基于四阶抛物型方程的坝址流量过程曲线。$Q$ 表示坝址初始流量，$t$ 表示时间，$Q_0$ 表示泄流一段时间后的稳定流量。

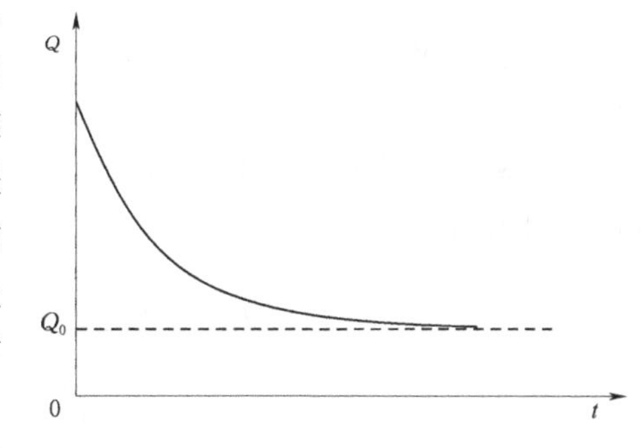


图 4-4 基于四阶抛物型方程的坝址流量过程曲线图

对比现场测量结果和相关文献资料，四阶抛物线方程在模拟坝址流量中是适用的，其可以用下式表示：

$$Q-Q_0=k(t-T)^4+c \tag{4-8}$$

式中 $T$——一个不确定的时间参数；

$c$——关于流量的定值；

$k$——一不确定的参数。

坝址流量过程遵循以下 3 个假设：开始时刻下泄流量最大（峰值）、结束时刻下泄流量等于上游来水量、库水完全下泄，表达式为

$$\begin{cases}Q=Q_{max}, & t=0\\ Q=Q_0, & t=T\\ \int_0^T Q\mathrm{d}t=W\end{cases} \tag{4-9}$$

式中　$W$——库容。

把式（4-9）代入式（4-8），可以得到不确定参数 $T$、$k$ 的表达式：

$$\begin{cases} T=\dfrac{5W}{Q_{max}+4Q_0} \\ k=\dfrac{Q_{max}-Q_0}{T^4} \end{cases} \tag{4-10}$$

所以，式（4-8）可以改写为：

$$Q=(Q_{max}-Q_0)\left(\frac{t}{T}-1\right)^4+Q_0 \tag{4-11}$$

如果最大流量为 $Q_{max}$，溃坝前的下泄流量为 $Q_0$，库容为 $W$，则可以求得坝址处的流量过程曲线。实践中，$Q_0$ 比 $Q_{max}$ 小得多，为了简化计算假设为其为 0，则

$$Q=Q_{max}\left(\frac{Q_{max}}{5W}t-1\right)^4 \tag{4-12}$$

如式（4-12）所示，当 $Q_{max}$ 为定值时，流量 $Q$ 随着时间的延长而减小。结合式（4-7），能得到：

$$Q=\lambda k_1^{0.72}k_2^{1.22}a\left(\frac{\lambda k_1^{0.72}k_2^{1.22}a}{5W}t-1\right)^4 \tag{4-13}$$

坝址处的流量 $Q$ 主要受宽度系数 $k_1$、深度系数 $k_2$、倾角 $z$ 以及水库参数的影响。

3. 下游洪水演进

下游洪水演进过程可以采用一维模型或者二维模型计算，但计算工作相当复杂，如果采用一种典型的经验公式，计算过程将大大简化，计算速度也大大提高。在多个洪水演进公式中，采用了适用于山区河流的谢润之公式来计算洪水演进，过程中，不考虑河道转弯且假定河道断面不变。

$$Q_{mx}=Q_{max}\left[\frac{1}{1+\dfrac{(2-\gamma)\lambda' n^{2-\gamma}Q_{m_0}^{2-\gamma}}{i_0^{(2-0.5\gamma)}W^2}x}\right]^{\frac{1}{2-\gamma}} \tag{4-14}$$

结合坝址流量过程，得到下列参数

$$\gamma=\frac{0.33}{m+0.67},\quad \lambda'=\frac{1.32A^r m^{(0.33-0.67\gamma)}}{\gamma(m+1)^2},\quad A=(k_1B-z)H^m \tag{4-15}$$

式中　$A$、$m$——河道断面系数；

$Q_{max}$——坝址处的最大流量；

$Q_{mx}$——距离坝址 $x$ 处的最大流量；

$W$——库容；

$i_0$——河道坡降；

$n$——曼宁粗糙系数。

### 4.2.3　模型参数敏感性分析

在溃坝洪水模拟计算过程中，溃口下泄流量和下游洪水演进受数学模型参数影响较大。本书主要考虑了溃口形状的影响，包括宽度系数 $k_1$、深度系数 $k_2$、溃口边坡斜率 $z$。

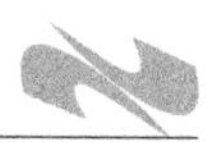

在不同的宽度系数 $k_1$、深度系数 $k_2$、溃口边坡斜率 $z$ 下，溃口的形状和大小呈现出不同的类型。通过对数学模型的参数敏感性分析，能够得到不同参数对坝址流量和下游演进洪峰的影响关系，进而评估溃坝洪水的灾害规模。

1. 模型参数

基于唐家山堰塞湖的实际情况，进行模型参数的选取。在参数敏感性分析时考虑了溃口的大小和形状、坝前水位、河道坡降和糙率。唐家山堰塞湖相关参数如下：内摩擦角为26°，则溃口边坡斜 $z=1.60$；坝前水深为82.65m；下游河道的坡降 $i_0=2.5‰$；河道糙率 $n$ 为0.035～0.050，考虑唐家山的土壤情况取 $n=0.050$，河道糙率的最大值。

2. 敏感性分析结果

通过Mathcad14.0软件，采用文中提出的预测堰塞坝溃决洪水演进的数学模型，分析了不同的宽度系数 $k_1$、深度系数 $k_2$ 下坝址洪峰流量和洪水演进过程。图4-5为不同宽度系数 $k_1$、深度系数 $k_2$ 下下游洪峰计算结果。

如图4-5所示，当宽度系数 $k_1$ 固定，最大流量 $Q_{max}$ 随深度系数 $k_2$ 增加而增大，当深度系数固定 $k_2$，最大流量 $Q_{max}$ 也随深度系数 $k_1$ 增加而增大。对比最大流量随宽度系数 $k_2$ 和深度系数 $k_1$ 下的增加情况，最大流量 $Q_{max}$ 随深度系数较宽度系数更明显。因此，溃口深度是决定溃决流量的主要因素。

图4-6为不同宽度系数 $k_1$ 下坝址处的流量计算结果（$k_2=0.5$），图4-7为不同深度系数 $k_2$ 下坝址处的流量计算结果（$k_1=0.5$）。在坝址处，当深度系数 $k_2$ 一定，水流随宽度系数 $k_1$ 的增加而增大，当宽度系数 $k_1$ 一定，深度系数 $k_2$ 越大，流量越大。坝址流量受深度系数 $k_2$ 影响明显较宽度系数 $k_1$ 大得多。在某一宽度系数和深度系数下，坝址流量随时间延长而减小，然后保持大致稳定，且洪峰流量越大，达到稳定用时越长。库水下泄时间取决于溃口大小，尤其是溃口深度，所以在堰塞坝应急处理中，可以采用宽浅型溃口来降低下泄流量。

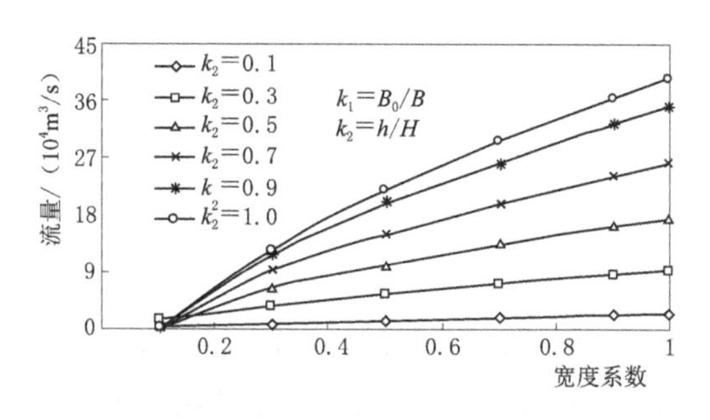


图4-5 不同宽度系数 $k_1$、深度系数 $k_2$ 下下游洪峰计算结果

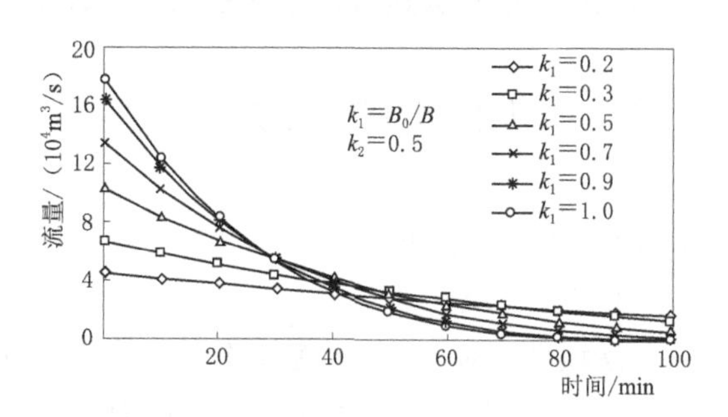


图4-6 不同宽度系数 $k_1$ 下坝址处的流量计算结果（$k_2=0.5$）

图4-8和图4-9分别为深度系数 $k_2=0.5$ 不同宽度系数 $k_1$ 下溃坝洪水演进过程及宽度系数 $k_1=0.5$ 不同深度系数 $k_2$ 下溃坝洪水演进过程。在下游河道相同断面，当深度系数 $k_1$（宽度系数 $k_2$）一定，流量随深度系数 $k_2$（深度系数 $k_1$）增加而增大，同一段面的流量受深度系数 $k_2$ 影响更大。水流在下泄的过程中，洪峰流量不断减小，流量演进过程受溃口形状影响，但如果距离较远，影响较小。

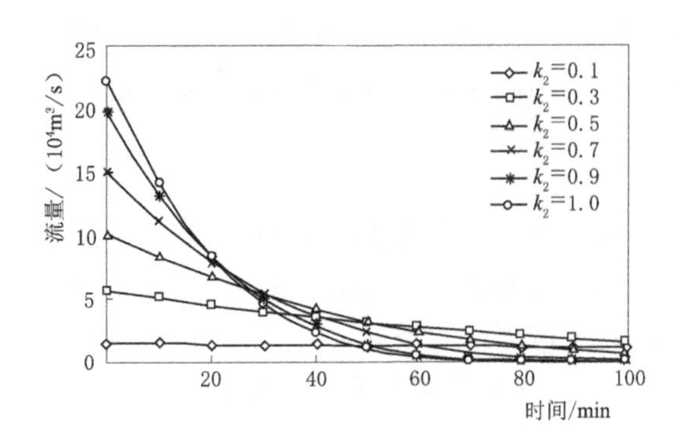


图 4-7　不同深度系数 $k_2$ 下坝址处的流量计算结果（$k_1$=0.5）

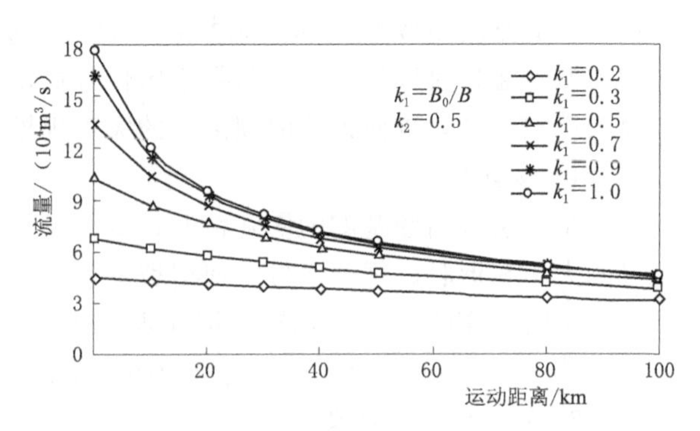


图 4-8　不同宽度系数 $k_1$ 下溃坝洪水演进过程计算结果（$k_2$=0.5）

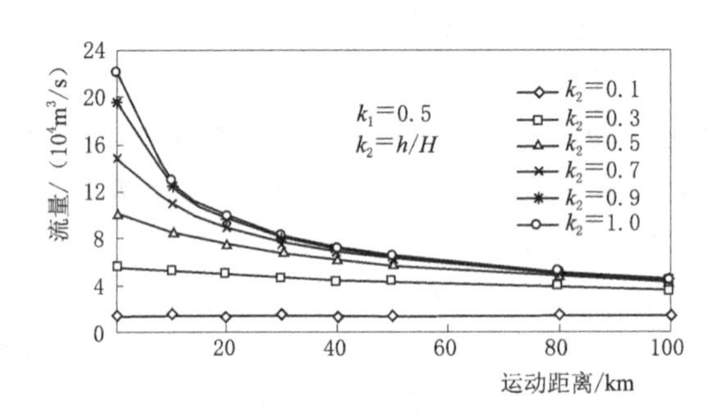


图 4-9　不同深度系数 $k_2$ 下溃坝洪水演进过程计算结果（$k_1$=0.5）

溃坝洪水演进数学模型参数敏感性分析结果表明，坝址流量和下游洪水演进过程受溃口形状的影响极为显著，尤其是深度系数 $k_2$。

## 4.3　溃坝洪水冲击荷载

### 4.3.1　溃坝洪水冲击

1. 溃坝洪水

溃坝洪水对下游结构物有较大影响，甚至引起其冲击破坏[107]。如 1786 年 6 月发生的 7.5 级康定大地震，诱发了大量的山崩、滑坡，大渡河在断流 10d 后，发生溃决，形成巨大的冲击荷载，下游建筑物倒塌十之八九[108]。图 4-10 为溃坝洪水对下游结构的冲击示意图。一旦上游坝体溃决，突发洪水将快速下泄，当洪峰到达下游某一结构物时，巨大能量直接作用的结构物上，同时水位快速上升，可能导致结构物的破坏。如果能够大致了解冲击荷载的数值，对危险预判和加固措施的实施具有较大的指导意义。

下游结构物的破坏机理如下：溃坝水流作用于结构物上，致使结构物承受巨大水压力，同时，高速溃坝洪水携带大量泥沙作用于结构物上，其作用力最大达到水压力的 40%[107]，并且溃坝水流对于坝体结构具有较大的侵蚀作用。图 4-11 为下游不同水深情

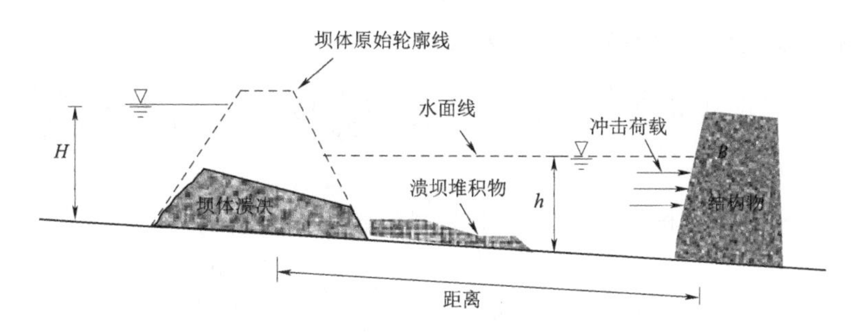

图 4-10 溃坝洪水冲击荷载示意图

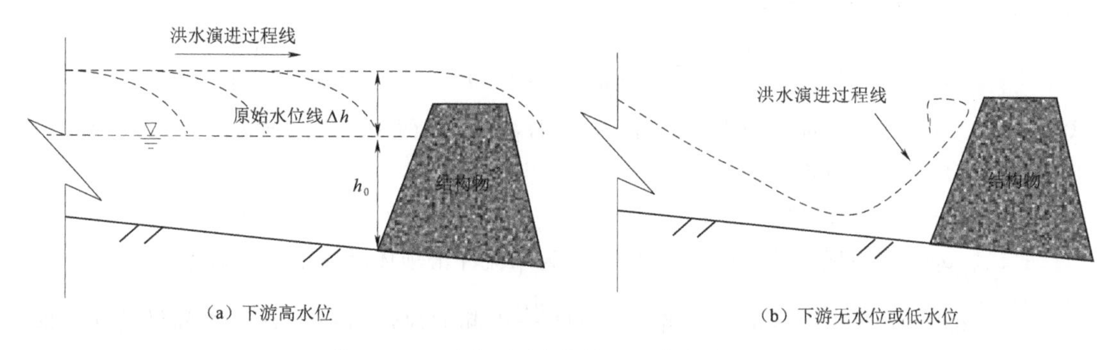

图 4-11 下游不同水深情况下洪水演进过程

况下的洪水演进情况。

如图 4-11 所示，下游库区原始水位对溃坝洪水演进具有较大影响。如果下游水位较高，当溃坝洪水进入下游库区时，高速水流位于河流表面，以波的形式向下游运动，漫顶后将越过坝顶 [图 4-11 (a)]。如果下游水位较低或无水时，下泄水流被结构物拦截，由于惯性作用沿着坝坡爬升，在黏滞效应及自重的影响下，水体能量很难维持其持续运动，最后下落，这种情况下，洪峰能量作用于结构物 [图 4-11 (b)]。

图 4-12 为溃坝洪水演进过程示意图。在 0—0 断面，表面高程为 $z_1$，水深为 $h_1$，流速为 $v_1$。河道坡降为 $i$，糙率为 $n$。断面 1—1 位于断面 0—0 下游 $x$ 处，由于河道摩擦影响和能量转换（如势能转化为动能），断面 1—1 的水位和能量低于断面 0—0，其表面高程为 $z_2$，水深为 $h_2$，流速为 $v_2$，水头损失为 $\Delta h$。

2. 冲击荷载

上游溃坝洪水运动到下游障碍物时，由于其携带大量的泥沙（来自溃坝料），具有巨大的冲击能力，对下游障碍物的安全带来巨大威胁。若水流直接漫过坝体，漫顶部分流速大于零，若水流不直接漫顶，这所有的流速在到达坝体时，将由于坝体的拦截而对坝体撞击，然后流速近似为零，显然，其他条件相同情况下，不漫顶的冲击力是最大的，下面为不漫顶情况下的冲击荷载计算公式推导过程。

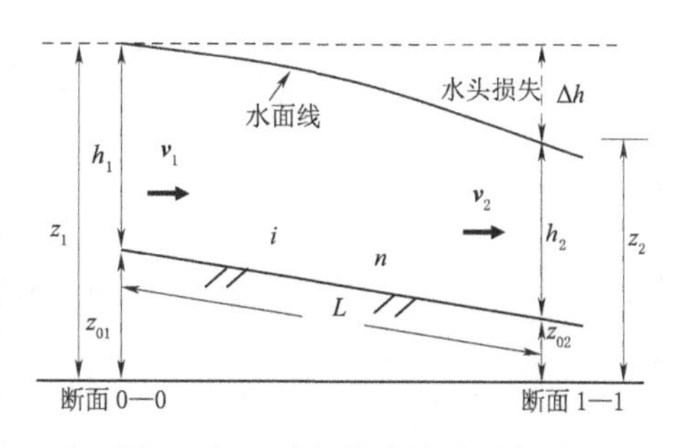

图 4-12 溃坝洪水演进示意图

非恒定渐变流的能量方程公式可以表示为[109]

$$\frac{\partial z}{\partial x}\mathrm{d}x+\frac{1}{2}\frac{\partial^2 z}{\partial x\partial t}\mathrm{d}x\mathrm{d}t+\frac{\partial}{\partial t}\left(\frac{v^2}{2g}\right)\mathrm{d}x+\frac{1}{2}\frac{\partial}{\partial x\partial t}\left(\frac{v^2}{2g}\right)\mathrm{d}x\mathrm{d}t+\frac{v^2}{C^2R}\mathrm{d}x+\frac{1}{g}\frac{\partial v}{\partial t}\mathrm{d}x=0 \tag{4-16}$$

忽略二阶微量，各项积分，式（4-16）可以转化为

$$z_1+\frac{v_1^2}{2g}=z_2+\frac{v_2^2}{2g}+\frac{1}{g}\int_0^L\frac{\partial v}{\partial t}\mathrm{d}x+\int_0^L\frac{v^2}{C^2R}\mathrm{d}x \tag{4-17}$$

当洪水到达下游坝体时，受下游坝体的拦截而冲击坝体，动能转移到被冲击的坝体上，式（4-17）可以转化为

$$P=\gamma\left[z_1+\frac{v_1^2}{2g}-z_2-\frac{v_2^2}{2g}-\left(\frac{1}{g}\int_0^L\frac{\partial v}{\partial t}\mathrm{d}x-\int_0^L\frac{v^2}{C^2R}\mathrm{d}x\right)\right] \tag{4-18}$$

式中　$z_1$、$z_2$——量坝址间的水位，$z_1-z_2=H_1+ix$ 为两坝址之间河流落差；

$H_1$——上游坝高；

$x$——两坝址间距离；

$v_1$、$v_2$——两坝址处的流速，其中 $v_2$ 为水流冲击坝体后速度，近似为 0；

$\frac{1}{g}\int_0^L\frac{\partial v}{\partial t}\mathrm{d}x$——单位重量水体因当地加速度 $\frac{\partial v}{\partial t}$ 引起的惯性力在距离 $L$ 之间做的功，即惯性水头 $h_a$，储存在水体中，加速度为正时，$h_a$ 为正值，为了使动能提高需转出部分能量，加速度为负时，$h_a$ 为负值，水体动能降低，需转化部分能量为势能；

$\int_0^L\frac{v^2}{C^2R}\mathrm{d}x$——单位水体在距离 $L$ 之间阻力做功，即能量损失水头 $h_w$；

$C$——谢才系数，$C=\frac{1}{n}R^{\frac{1}{6}}$；

$n$——糙率；

$R$——水力半径，计算时用 $R=\frac{BH_{mx}}{B+2H_{mx}}$ 代替；

$\gamma$——水的容重；

$g$——重力加速度，由于山区河道边坡一般较陡，河道断面近似于矩形，为简化计算，分析过程中，把河道概化给矩形断面。

$$\frac{1}{g}\int_0^L\frac{\partial v}{\partial t}\mathrm{d}x=\frac{Q_{\max}}{gH_{m_0}B}\left[(1+k_1L)^{\frac{1}{\gamma-2}}(1+k_2L)^{\frac{1}{2m+1}}-1\right] \tag{4-19}$$

令

$$k_3=(1+k_1L)^{\frac{1}{\gamma-2}}(1+k_2L)^{\frac{1}{2m+1}}-1 \tag{4-20}$$

则

$$\frac{1}{g}\int_0^L\frac{\partial v}{\partial t}\mathrm{d}x=\frac{Q_{\max}}{gH_{m_0}B}k_3 \tag{4-21}$$

$$\int_0^L\frac{v^2}{C^2R}\mathrm{d}x=\frac{Q_{\max}^2n^2}{H_{m_0}^2B^2}\int_0^L\frac{(1+k_1x)^{-\frac{2}{2-\gamma}}}{(1+k_2x)^{-\frac{2}{2m+1}}R^{4/3}}\mathrm{d}x \tag{4-22}$$

令
$$k_4=\int_0^L \frac{(1+k_1x)^{-\frac{2}{2-\gamma}}}{(1+k_2x)^{-\frac{2}{2m+1}}R^{4/3}}\mathrm{d}x \tag{4-23}$$

即
$$\int_0^L \frac{v^2}{C^2R}\mathrm{d}x=\frac{Q_{\max}^2n^2}{H_{m_0}^2B^2}k_4 \tag{4-24}$$

由式（4-18）、式（4-21）、式（4-24）可以求出下游坝体所受的冲击荷载。

$$P=\gamma\left(z_1+\frac{v_1^2}{2g}-z_2-\frac{Q_{\max}}{gH_{m_0}B}k_3-\frac{Q_{\max}^2n^2}{H_{m_0}^2B^2}k_4\right) \tag{4-25}$$

### 4.3.2 试验验证

为了验证数学模型的适用性，把上述模型理论计算结果和前人实验结果对比[109]。其实验是在等宽矩形玻璃水槽中进行，水槽全长69m，溃口在40m处，采用DS-30型数据采集系统测量溃坝水深0.6m，距离下游分别为3m、6m、9m等不同位置的下部冲击荷载最大值，下游坝前无水，河道糙率 $n$ 为0.033，坡降为2°。计算参数见表4-1，测量结果和计算结果见表4-2。

表4-1　冲击荷载试验工况

| 初始上游水深 $H_0$/m | 初始下游水深 $H_L$/m | 糙率 $n$ | 坡降 $i$/(°) |
|---|---|---|---|
| 0.6/0.9/1.2 | 0 | 0.033 | 2 |

表4-2　试验值与理论值比较

| 编号 | 上游水深 $H_{m_0}$/m | 下游距离 $L$/m | 试验值/kPa | 王晓庆（2010年） | | 本方法 | |
|---|---|---|---|---|---|---|---|
| | | | | 理论值/kPa | 误差/% | 理论值/kPa | 误差/% |
| 1 | 0.6 | 6 | 6.92 | 7.91 | 14.31 | 7.839 | 13.28 |
| 2 | 0.9 | 6 | 11.11 | 12.9 | 16.11 | 10.749 | −3.25 |
| 3 | 1.2 | 6 | 11.97 | 12.94 | 8.10 | 13.647 | 14.01 |

通过对比计算值和理论值，存在一定的偏差，但误差在15%以内。主要是因为测量的结果为下部冲击荷载最大值，而理论计算结果为平均值，且试验时的参数很难保证与理论计算完全相同，同时理论公式是考虑理想情况下进行的，忽略了洪水冲击后的剩余动能。

### 4.3.3 参数敏感性分析

冲击荷载的破坏性由很多因素决定，首要因素就是坝体的物理特性、水库库容、破坏模式等。Merz等（2004年）为了评估洪水破坏性提出了几个主要灾害参数，包括水深、流速、河床剪切应力、动荷载（例如流体动量、流体能量等）以及洪水泥沙含量[110]；此外，Zoppou和Roberts（2000年）认为流速、持续时间、泥沙含量、频率、提前预警和结构物特性是影响洪灾破坏性的主要参数[111]；Kelman和Spence（2004年）认为洪水的破坏性主要来源于能量转换、冲击荷载、作用于结构物上的压力等[112]。通过比较分析，论文对传播距离、水库初始条件、下游河道糙率及坡降进行了敏感性分析。

基于敏感性分析问题，基本参数设置如下：宽度 $B$ 为20m，初始水深 $H$ 为10m，水

库长度为200m（反映库容大小），溃口边坡 $z$ 为1(45°)、坝体完全溃决、河道糙率0.05、坡降 $i$ 为2°。表4-3总括了敏感分析的基本参数。

**表4-3 敏感分析的基本参数**

| 宽度 $B$/m | 初始深度 $H_{m_0}$/m | 水库长度/m | 溃口边坡 $z$ | 糙率 $n$ | 坡降 $i$/(°) |
|---|---|---|---|---|---|
| 20 | 100 | 200 | 1 | 0.05 (0.02, 0.08) | 2 (0.5, 1, 3) |

1. *传播距离*

传播距离是一个反映溃坝洪水破坏力的重要参数。如图4-13（a）所示，下游流量和水深随传播距离增大而减小。洪水通过溃口后，水深快速下降，800m内下降了20.1%，然后，水深下降速度逐渐减小，直到达到相对平衡。下泄流量和水深的情况类似，在1000m范围内下降了23.6%。如图4-13（b）所示，传播距离对流速和冲击荷载有较大影响，随着传播距离增大，冲击荷载和速度增大；速度的增加主要发生在短距离内，然后趋于稳定，相反，冲击荷载持续升高。这主要是因为计算用的坡降为2°，所以势能转化为动能较摩擦能量损耗要大，动能的增加导致速度增加。

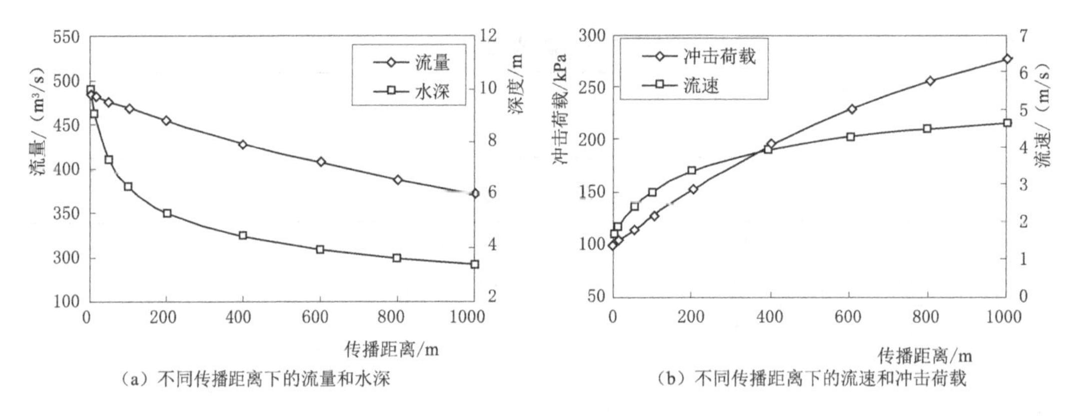


（a）不同传播距离下的流量和水深　（b）不同传播距离下的流速和冲击荷载

图4-13 传播距离的影响

总之，传播距离越远，洪水因摩擦损耗的动能越小，尤其是山区河流，当坡降超过10%，大部分势能转化为动能，流速和冲击荷载短距离内持续增加，破坏性增加。Yang等（2010）在采用三维模型预测溃坝水流影响区域和冲击荷载的过程中得到类似的结论[113]。

2. *初始上游水深*

初始上游水深决定了洪水初始能量，是冲击荷载的能量最初来源。溃坝发生后，势能转化为动能，流速增大。

如图4-14（a）所示，初始上游水深对下游水深和流量有较大影响，短距离内，水位快速下降，初始水深越大，随距离增大水深降低越多。对于 $H$=5m情况，800m内下降了53.8%，但很快会趋于平衡。然而，$H$=15m情况，下降了68.4%。洪水演进过程和水深类似，但是下降率较水深小得多，水深 $H$=5m时，800m内其下降了14.9%，水深 $H$=15m时，下降了23.5%，如图4-14（b）所示。

如图4-15（a）所示，随着上游初始水深的增加，下游流速增加。流速在初始阶段

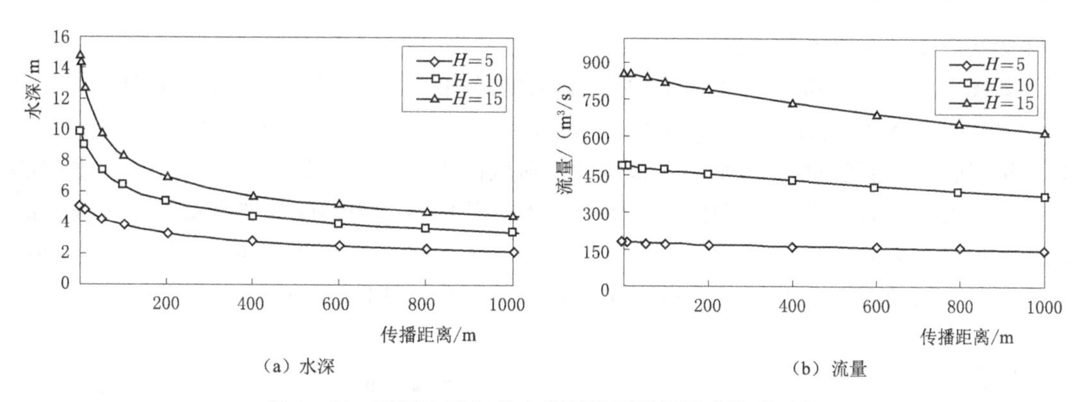


（a）水深　（b）流量

图 4-14　不同上游初始水深情况下溃坝洪水演进过程

较大，然后，随着距离增加保持相对稳定。对于冲击荷载也是类似现象，但流速对于初始水深更敏感。然而，在下游相同位置水流与岸坡间的接触面积随着初始水深的增加而增大，进而能量损失 $h_w$ 更大。此外，由于下游水深和流速的降低，惯性水头 $h_a$ 快速下降，随着初始水深的减小将引起最大冲击荷载的下降。

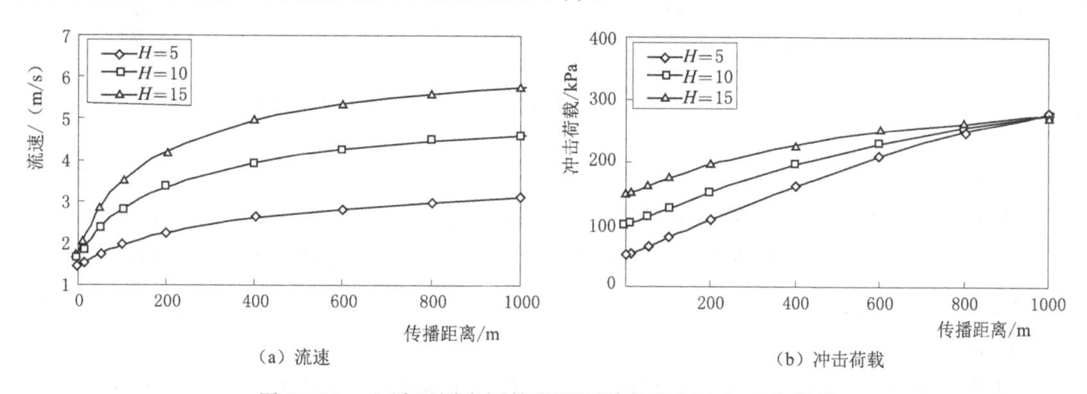


（a）流速　（b）冲击荷载

图 4-15　上游不同水深情况下下游各点流速和冲击荷载

上游初始水深较大意味着较大的破坏能。米德尔塞克斯大学（Middlesex University）洪水灾害研究中心（FHRC）在广泛的评估英国洪水灾害损失工作完成后得出类似的结论[114]。Johnson 等（2005 年）基于来自于 Dale Dyke 坝溃决的经验公式发现大的初始水深将导致严重的灾害。考虑到溃坝洪水灾害的影响，应尽力避免上游库区的高水位。

3. 河床糙率

天然河道通常是不规则的，在不同部位有大量的堆积物，河道并不光滑。洪水期间摩擦较大，直接影响洪水下泄。如图 4-16 所示，洪水演进过程中，河床糙率越大，导致洪水下泄速度大幅降低，当糙率 $n=0.02$ 时，1000m 内下泄流量大约衰减 6.0%，当 $n=0.10$ 时，下泄流量大约衰减 47.5%。然而，河道糙率对下游

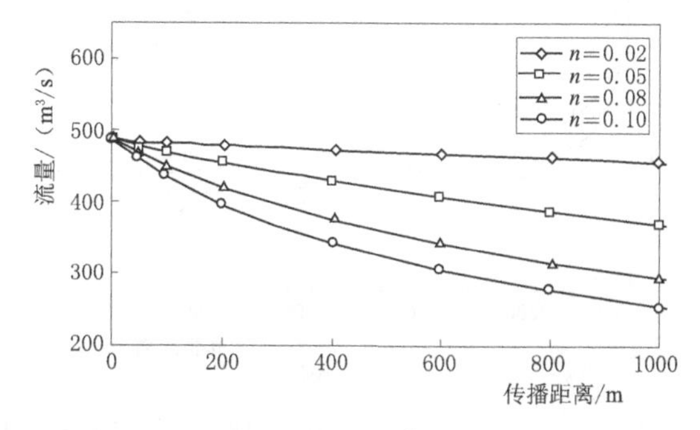


图 4-16　不同河床糙率下下游任意位置的流量

水深影响较小，主要迟滞水流。

如图4-17（a）所示，由于河床摩擦阻力的影响，随着糙率增大，流速降低。当$n$=0.02时，1000m位置流速上升至5.69m/s，而$n$=0.10时，流速只有3.18m/s。如图4-17（b）所示，当河道糙率较低时，最大冲击荷载随着传播距离的增大而增大，冲击荷载随着糙率增大而急剧降低。当糙率$n$为0.10时，势能转化为动能的能量低于摩擦损伤的能量，所以最大冲击荷载在短暂上升后降低。当河床糙率$n$为0.02时，河道阻力较小，水流有较大的动能，在1000m处最大冲击荷载可达到402kPa。

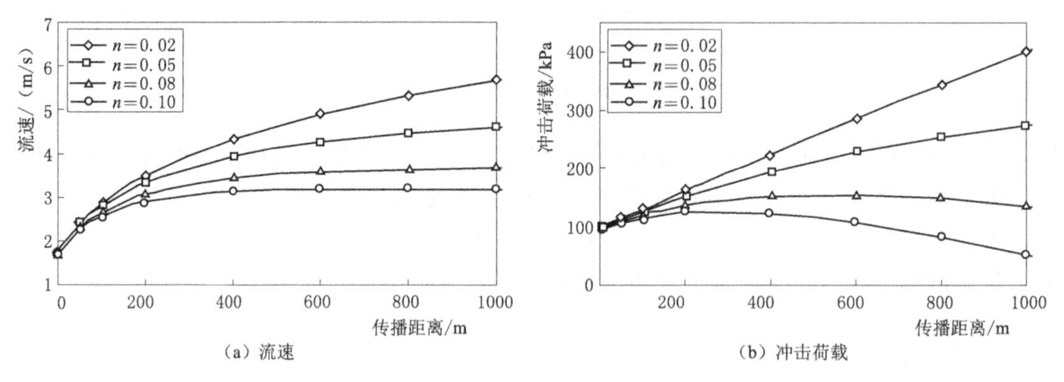

（a）流速　　（b）冲击荷载

图4-17　不同河床糙率下下游任意位置的流速与冲击荷载

河床糙率反映了河床与岸坡对水流的抑制作用，河床糙率越大导致水流更大的摩擦阻力，流速短时间内降低，延缓水流到达时间，减小作用在结构物上的冲击荷载。Caboussat等（2010年）采用三维数值分析也发现了溃坝洪水作用在下游结构物上的冲击荷载随河床糙率增加而减小[115]。

4. 河道坡降

河道坡降对于溃坝洪水的下游水深和流量有较大影响。如图4-18（a）所示，水深在800m内急剧下降，然后达到一定距离后，保持相对稳定。水深的下降率随河道坡降的增加而减小。如图4-18（b）所示，下泄流量对于坡降较敏感，当坡降较小时，流量急剧降低，当坡降$i$为0.5°时，1000m内下降了71.7%，然而，当坡降$i$为3.0°时，流量的降低率很小，1000m内下降了越13%。

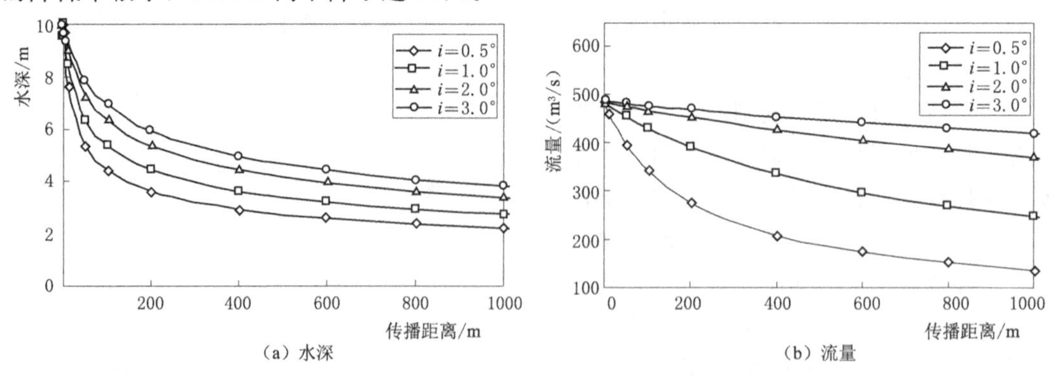

（a）水深　　（b）流量

图4-18　不同河道坡降下溃坝洪水演进过程

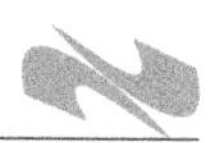

如图 4-19（a）所示，当河道坡降较小（如低于 1.0°），流速短距离内增加，然后随着距离增加而减小。如果河道坡降足够大，在很长一段距离内流速不断增加，然后保持大致稳定。当其他参数一定，河道坡降越大，流速越大。对于山区河流，大坡降在溃坝洪水致灾过程中起着关键性作用。如图 4-19（b）所示，但河道坡降较小时，作用于结构上的冲击荷载随着传播距离的增大而减小。由于获得的动能小于摩擦损失，冲击荷载将不断减小。然而，如果河道坡降足够大，作用于构筑物上的冲击荷载在长距离内将不断增大，随着河道坡降的增加，增幅急剧变大。

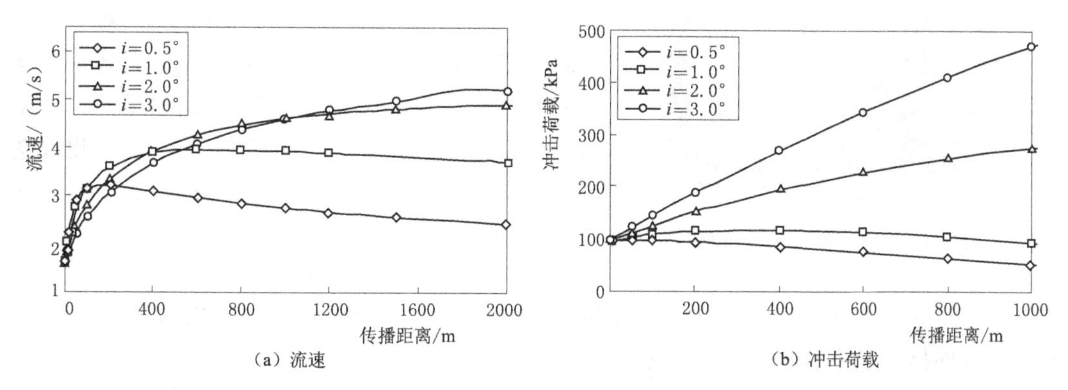


（a）流速　　（b）冲击荷载

图 4-19　不同河道坡降下下游不同位置的流速和冲击荷载

河道坡降是落差与水平距离的比值，其反映了河道的纵向变化，如果坡降大于某一临界值，流速将不断增加，克服摩擦阻力[116]。Jarrett（1990 年）发现河道坡降决定了陡峭河道的冲击荷载值，尤其是山区河流[117]。实验结果和理论分析表明，溃坝洪水作用于结构物上的冲击荷载随着坡降的增加而增大。

分析结果表明，溃坝洪水对下游构筑物的冲击荷载主要和传播距离、水库初始条件、下游河道糙率及坡降等参数有关。因此，在进行堰塞湖的防灾减灾过程中，可以通过转移坝体下游一定范围内的人员财产、开挖导流槽以降低溃坝时的最高水深、河道内不均匀的抛投石块以增加河床糙率与降低坡降等措施，来降低洪水对下游构筑物的冲击荷载的影响。

## 4.4 堰塞坝溃决洪水演进数值分析

### 4.4.1 模型与参数设置

堰塞坝溃决问题涉及洪水水文学、冲刷与泥沙输运力学、水力学及动力学等多个学科，目前在机理研究方面对其认识不够全面和完善。为了弥补原型观测受限条件较多（获取资料困难）、物理模型试验受模型和实验条件限制，数值模拟是研究溃坝的有效手段。由于堰塞坝溃决涉及因素较多，成因较复杂，目前该方面的模拟软件相对较少，主要有 Fluent、FLOW$^{3D}$ 等。本节采用 FLOW$^{3D}$ 数值软件，基于动量方程、能量方程，进行 Navier-Stokes 方程求解，RNG k-ε 湍流模型对方程进行封闭，采用 VOF 方法处理自由面，通过有限体积法（FVM）对方程进行离散，对溃坝水流进行分析。

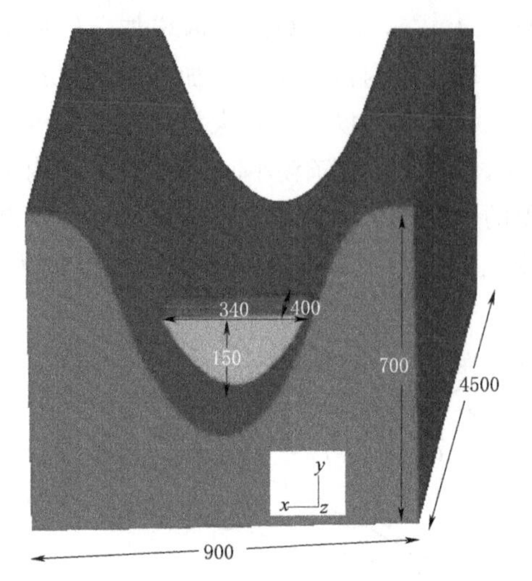

图 4-20　溃坝模型形状尺寸（单位：m）

计算模型采用假设的河道、堰塞坝几何参数，建立溃坝模型，以分析溃坝洪水的运动过程，如图 4-20 所示。

如图 4-20 所示，模型由两部分组成：河道和堰塞体。其中，河道长宽高分别为 4500m、900m、700m，坡降为 0%与 5%。河中堰塞体长宽高为 400m、340m、150m，河道上游为库区，长度为 1000m，上游来水为 $300m^3/s$。接着对模型进行网格划分，每个网格均为矩形，各方向大小为 20cm，总共包含 506250 个网格单元。并对网格边界条件进行设定，其中 $x$ 与 $-x$ 侧设为 W（wall，固定边界），$-y$ 侧（底部）设为 W（wall，固定边界），$y$ 侧设为 P（Specifed pressure，Fluid fraction = 0，空气），$-z$ 为 Vfr（Volume flow rate，进水边界，流量 $300m^3/s$），$z$ 为 O（outflow，出水边界），模型效果图及网格划分图如图 4-21 所示。

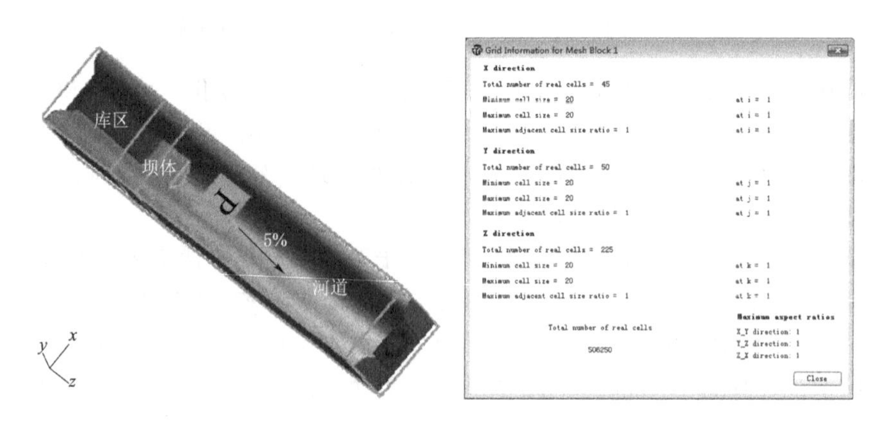

图 4-21　溃坝洪水模型效果图及网格划分

在整个模型中，模拟堰塞体瞬间溃决情况下的库水下泄。考虑到坝体溃决运动模式，模拟过程中采用了 GMO 模型（流固耦合模型）和 RNG 模型（湍流模型），根据前人经验，整体恢复系数设为 0.8，粗糙系数设为 0.2，设置重力加速度 $g$（$9.81m/s^2$），方向向下。堰塞体设置为运动模块（moving object），为反映水流对河道的冲刷效果，在河槽底部设置 1m 厚的 sediment scour 模块，考虑四种粒径 10cm、5cm、1cm、0.5cm，刚开始时，库水刚好与坝顶平齐。设置模拟时间为 100s。

### 4.4.2　计算结果分析

坝体溃决后，大量库水短时间内下泄，对下游造成较大的淹没，如果河床坡降较大，势能转化为动能，水流速度将不断增加。论文计算分析了坡降为 0 和 5%的两种情况，如图 4-22 和图 4-23 分别为坡降 $i$=0 和 5%的运动情况。

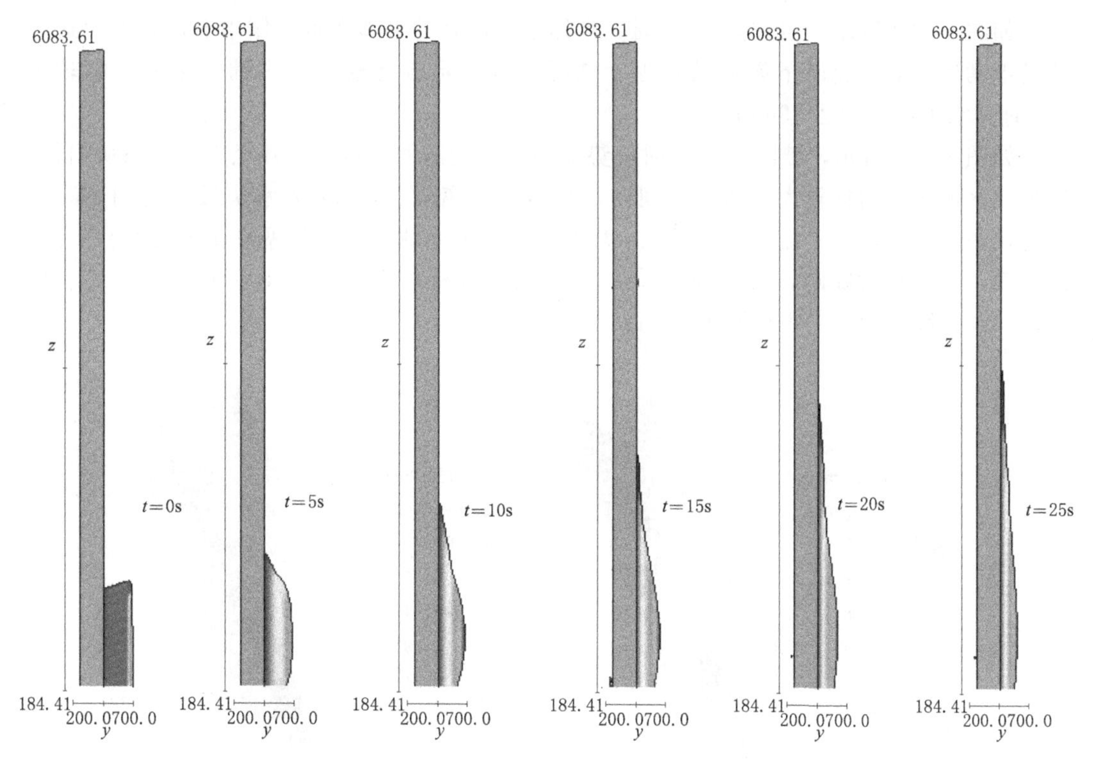


图 4-22 坡降为 $i=0$ 时不同时刻洪水运动形态

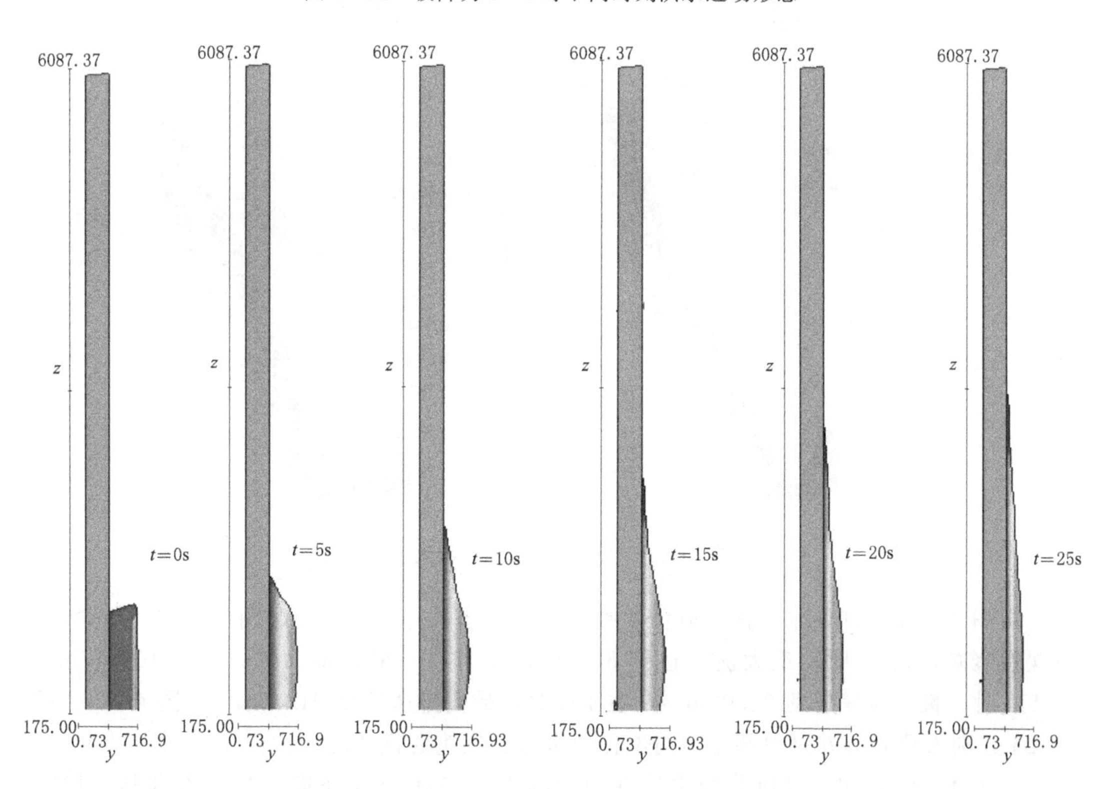


图 4-23 坡降为 $i=5\%$ 时不同时刻洪水运动形态

如图 4-22 所示，当坡降 $i=0$ 时，水体临空面处的水体在重力作用下首先发生运动，并且带动后续的水流向下游运动，由于坡降为零，水流逐渐发生平铺，速度增幅较小。25s 时其水头最远到达 2960m。

如图 4-23 所示，坡降 $i=5\%$时，势能转化为动能的能量抵消甚至大于摩擦所损耗的能量，水流速度增幅较大，同等时间内，其运动距离较远，25s 内水头最远达到 3538m。同时，短距离内，由于流量大小近似，坡度越大的其水深越小。堰塞湖主要发生在山区河流地区，河道相对陡峭，大多为 3%～5%，因此分析较大坡降的洪水演进更具代表性。图 4-24 为坡降为 5%时不同时刻流速三维效果。

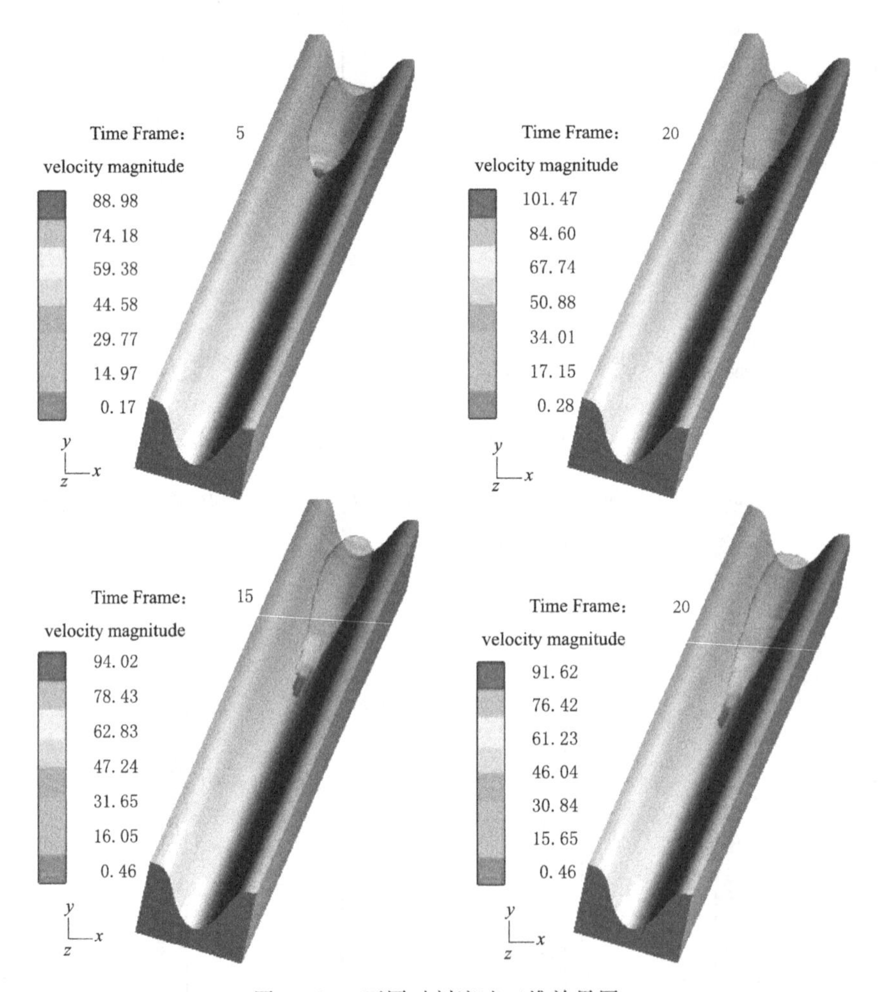


图 4-24　不同时刻流速三维效果图

由图 4-24 可知，水体流速峰值主要发生在洪水头部，且在短时间内增加到最大，然后缓慢衰减，在 5s 时，最大流速达到 88.98m/s，在 10s 时，最大流速达到 101.47m/s，在 15s 时，最大流速达到 94.02m/s，在 10s 时，最大流速达到 91.62m/s。图 4-25 与图 4-26 分别为顺河道方向中部距不同位置的水位、流速变化情况。

由图 4-25 可知，溃口处的水位在短时间内（45s）快速下降，然后逐渐趋于稳定，

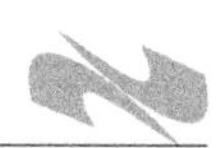

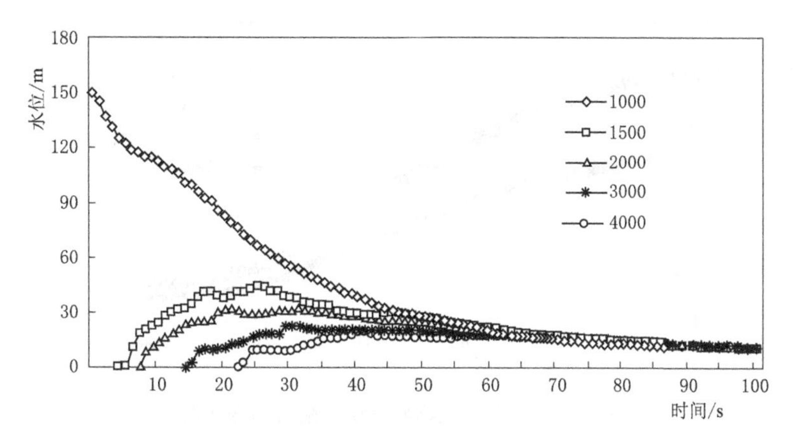


图 4-25 距 $x$ 原点（溃口上游 1000m）顺河向不同位置水位随时间变化曲线图

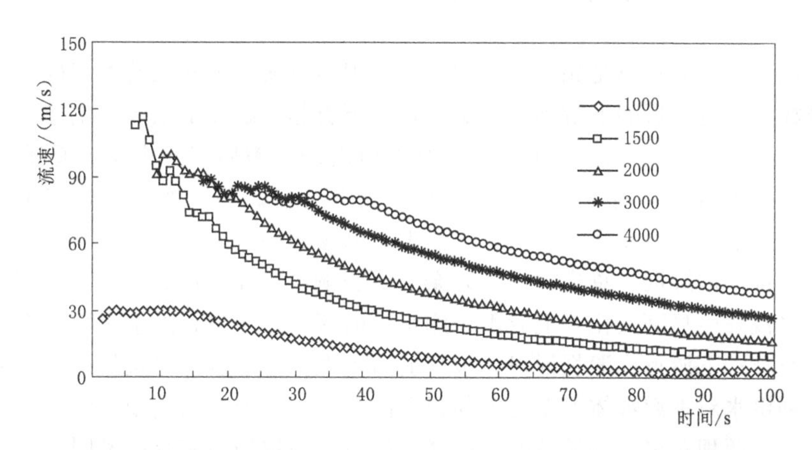


图 4-26 距 $x$ 原点不同位置（顺河道方向）流速随时间变化曲线图

下游各点的水位都在短暂的上升后，达到峰值即发生衰减，且越靠近上游的峰值越大。随着时间推移，各点水位差值逐渐减小，60s 后各点水位大致相当。

由图 4-26 可知，各点流速在短暂上升后，然后逐渐衰减，且衰减速度不断减小，近似抛物线形，这和 4.2.1 中的假设一致。在溃口处的流速普遍偏小，最大时只有 30m/s，而后续各点的流速总体较前面点偏大，也即随着时间推移，下游点的流速大于上游点的流速，这和图 4-24 的结果是一致的。

下泄水流流速较大，携带能量较多，运动过程中，将对河槽产生冲蚀、铲刮效应，使得表面固体物质裹挟向下运动，图 4-27 为河道内沉积物残余质量随时间变化过程，在前期残余物质减小较慢，随着流速的不断增加，水流覆盖范围不断增大，冲蚀不断加剧，残余物质减小增快。由于河道摩擦阻力的影响，流速逐渐减小，冲蚀效应减缓，残余物质变化较小。

通过分析，数学模型与数值模拟结果规律一致。但两者河道均顺直且断面不变，水流因碰撞损失的能量较小，因此，其流量、流速也将较实际值偏大。

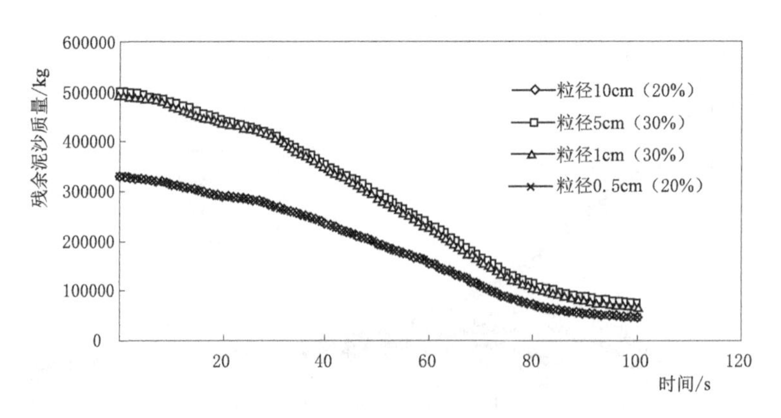


图 4-27　河道内沉积物残余质量随时间变化曲线图

## 4.5　梯级坝群连溃的洪水增强效应

一条河流上的各大坝总是相互联系的，多个坝体组成一个梯级的大坝群。当上游坝体发生溃决破坏，将直接影响下游坝体的稳定，甚至引起下游多个坝体产生连溃效应，增大溃坝受灾面积和灾害程度。1933 年 8 月，叠溪地震诱发银瓶崖、大桥、叠溪三处滑坡截断岷江干流，4d 后水位上升 300 余 m，淹没上游观音庙。堰塞坝群形成 45d 后，由于上游集中降雨，上游堰塞坝发生溃决后，下泄洪水触发下游堰塞坝溃决，次日下泄洪峰以 4 丈高水头冲毁都江堰罐区，总伤亡达 2 万余人，影响范围 1000 余 km。上游坝体溃决后，水库上下游水流发生显著变化：上游由于库水位的骤降，库岸孔隙水压力来不及消散，极易诱发库岸滑坡；下游形成溃坝涌浪，破坏能力极大，可能诱发严重的次生灾害。上游坝体产生的溃坝洪水对下游坝体安全稳定与很多因素有关，如溃决类型、溃决时间、溃口大小、水库库容、两坝距离、河道情况（坡降、糙率）等坝型与库容的不同，失事比例也不同。由于堰塞湖的形成具有流域群发性及结构松散性，上游溃坝更容易导致下游堰塞体的逐级溃决，产生“级联效应”，增大下泄洪峰流量，危害性进一步增大。图 4-28 为上游溃坝示意图。

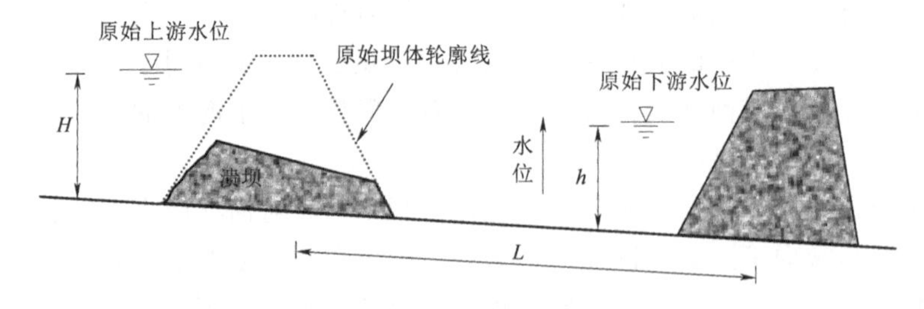


图 4-28　大坝群溃决示意图

不同的梯级库群可能产生不同的溃决洪水。当第一级溃决坝体较大时，溃坝洪水对下级坝体冲击荷载足够大，当溃坝洪水到达下级坝体时，可能直接把其冲毁，进而向再下游演进，洪水在演进的过程中，能量被逐渐消耗。如果当下级坝体较上级坝体较大时，溃坝

洪水在下级库区蓄积，当达到下级坝体的溃决条件时，叠加库水一起下泄，其溃坝流量将进一步增大，如图4-29所示，进一步扩大了灾害的时间与空间分布，其危害性进一步增大。

因此，在堰塞湖灾害应急处理过程中，应尽量避免连溃现象的产生，对于较小的堰塞体可以优先清除，并且尽量降低各堰塞体的高度，以减小下泄洪水的洪峰流量与冲击荷载，延缓坝群的溃决时间。

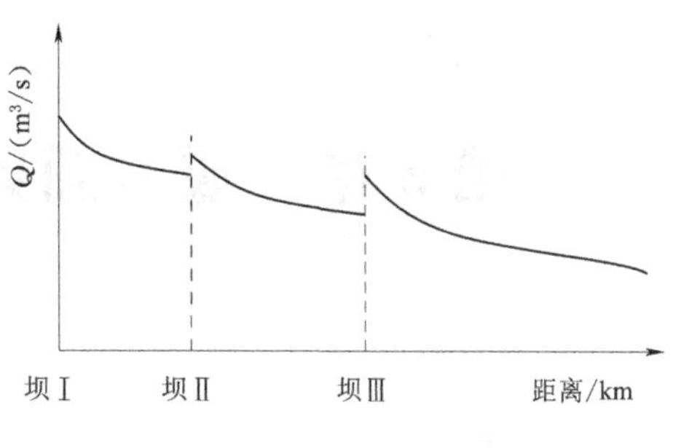


图4-29 洪水叠加演进示意图

## 4.6 本章小结

堰塞湖灾害链主要是水的灾害，除了堰塞湖阶段的上游淹没，更重要的是溃坝形成的下游淹没和水力冲击。做好溃决洪水预算能够较好预测下游洪峰流量、做好水力冲击计算能够提前预测其破坏程度，以便于采取应急措施降低损失。本章结合能量方程、动量方程、连续方程，对堰塞湖溃坝的洪峰演进和水力冲击荷载进行分析，在此基础上分析了梯级库群的群溃级联效应，得出以下结论：

(1) 结合现有模型和实际情况，根据堰塞体的土石料特性及坝体分层结构，提出了堰塞体溃口模型，继而采用水力学理论，提出了预测溃坝洪水演进过程的数学模型，并对模型的相关参数进行了敏感性分析，结果表明溃坝洪水过程受溃口形状影响较显著，尤其是溃口深度系数$k_2$。

(2) 基于能量守恒原理，提出了一个计算洪水冲击荷载的数学计算模型，通过参数的敏感性分析，河道坡降、上游原始水深对冲击荷载就有较大的强化作用，而河道糙率、运动距离有较大的弱化作用。

(3) 基于溃坝洪水的演进过程和冲击强度，分析了梯级溃坝的级联效应，由于堰塞坝群的串珠状分布，上游溃坝的下泄洪水较容易的导致下游溃决，进一步增大下泄洪峰流量，危害性进一步增大。

# 第5章 堰塞湖灾害链断链机制及控制

## 5.1 概述

我国西南地区，尤其是滇川两省，山高谷深，地震活动频繁，岩体破碎、风化强烈，降雨主要集中在5—9月。脆弱的地质条件和频繁的地质运动，在降雨条件的刺激下，西南地区成为我国地质灾害最为活跃的区域，包括滑坡、泥石流、堰塞湖等[118]。在河流两岸松散体滑坡、堆积的过程中，往往会激发其他次生灾害，从而形成滑坡堰塞湖灾害链，对下游河床、构筑物产生较大程度改造（冲刷、掩埋等），严重影响下游道路、土地、桥梁等的安全，涉及交通、城建、水利、民政、通信等多个部门。同时，由于水位上升（堵江期间）和骤降（坝体溃决后）过程中，水动力条件的变化和水固相互作用，河道两岸结构较松散的边坡发生坍塌与滑坡，进一步加大了灾害的规模，延伸了灾害链范围，甚至造成二次堵江，对生态、环境影响较大。

灾害链是各级灾害动态性演化形成的链式过程，各级灾害通过物质、能量、信息等的交换和转化，相互作用、相互影响。总体而言，下级灾害是上级灾害的载体，上级灾害是下级灾害的积累和前提。本章结合滑坡堰塞湖灾害链的特点，分析灾害链各环节的演化关系及其对生态环境的影响，了解灾害链的形成过程；采用AHP层次分析法和模糊隶属度函数建立堰塞湖灾害链风险评价体系，在此基础上提出相应的灾害链控制（断链）治理思路及措施。

## 5.2 堰塞湖灾害链演化成灾

### 5.2.1 堰塞湖灾害链演化成灾过程

脆弱的地质条件和频繁的地质运动，使得西南地区成为我国地质灾害最为活跃的区域，包括滑坡、泥石流、堰塞湖等。各灾害间存在一定的联系，在一定条件下，可以实现演化，如滑坡在降雨条件下可以演化为泥石流、滑坡体进入河流堵塞河道形成堰塞湖、堰塞体失稳发生滑坡、堰塞体溃决形成泥石流等，如图5-1所示。其中，以滑坡堵江形成堰塞湖危害最大。

山体滑坡堵塞河道形成堰塞湖是山区较常见的地质灾害，从其产生到消亡，伴随着一系列的灾害，构成灾害链：滑坡涌浪、回水淹没、大型水体诱发地震、边坡失稳、溃坝洪水等，如图5-2所示。1933年，四川叠溪地震后，先后发生了崩塌、滑坡、堰塞湖、泥石流、洪灾等，前后历时近2个月，涉及范围远达下游1000km的宜宾市，具有较明显的

时空效应[119]。其中，堰塞湖是最主要的灾害链环节，影响较大，破坏严重，其能够提供灾害链演化的水源、降低了灾害链演化条件，延长灾害链环节、扩展了灾害的时空[120]。

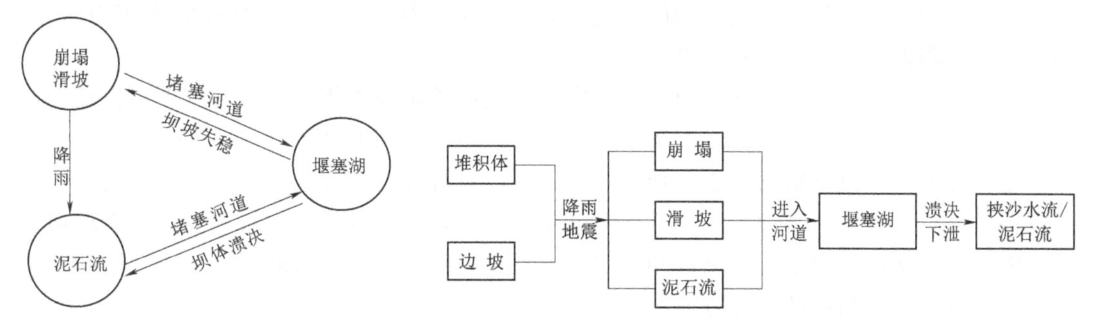


图 5-1 地质灾害相互演化

图 5-2 堰塞湖灾害链成灾过程

(1) 提供灾害链演化的水源。堰塞体阻塞河道，使河道中流动的水体被截断，水位上升，积蓄大量的水体形成湖泊，不仅回水对上游产生大量的淹没，诱发库区山体发生滑坡产生涌浪等，而且在库水压力、漫顶、管涌的作用下，容易发生溃决，形成具有巨大冲击的溃坝洪水，为后续灾害的演化提供了水源条件，其危害较滑坡堵江本身巨大得多。

(2) 降低了灾害链演化条件，延长灾害链环节。堰塞湖是由山体滑坡、崩塌等快速堆积而成，结构松散，组成杂乱，存在一定的架空，在漫顶、管涌下易发生溃决，并对下游形成冲刷、淤积，形成连锁破坏作用，是灾害链中最主要环节如图 5-3 所示。由于水的润滑和冲击的作用，使得后续各个环节的演化、传递条件降低，把原本需要特定条件才能触发的灾害提前激发。

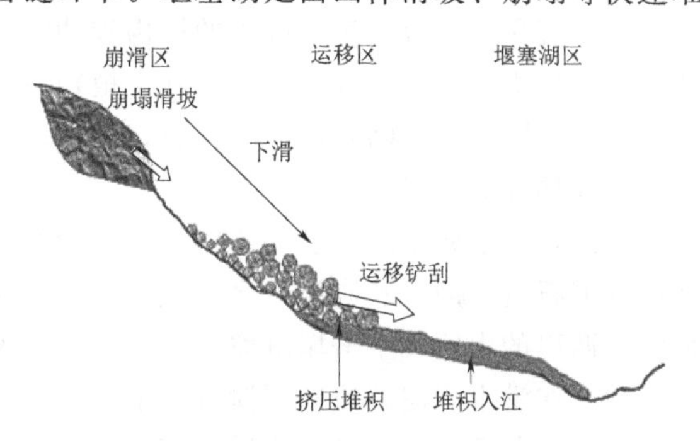


图 5-3 堰塞湖灾害链形成模式示意图

(3) 扩展了灾害的时空。堰塞湖使短暂的、局部的滑坡、崩塌灾害演化为历时较长（几个月）、涉及范围较广（溃坝洪水演进可达上千公里）的灾害链，极大拓展了灾害链时空影响范围。

### 5.2.2 堰塞湖灾害链演化成灾因素

滑坡堰塞湖灾害链间各灾害间存在一定的物质流、能量流、信息流的因果关系，在其演化过程中，最主要的影响因素包括物源和触（激）发因素，以及人的因素。

(1) 物源（主要指河流两岸的松散堆积体）。大量松散堆积体进入河道是形成堰塞湖灾害链的第一环节，因此大量的松散物质是灾害链的首要必须条件。西南地区受喜马拉雅地震带的影响，地震频繁，地震影响区域内山体强度普遍偏低，且表层存在大量的风化物质，为山体崩塌、滑坡提供了丰富的物源。

(2) 触（激）发因素。堰塞湖灾害链的主要激发因素是水，包括降雨与河流。首先，降雨是滑坡堵江的直接或间接水源，地震形成的松散堆积体在陡坡上很难留存，在降雨尤其是大暴雨的作用下容易发生下滑，这也是很多滑坡形成的原因。另外，河流是库区积水（库区淹没）和溃坝洪水的直接水流致灾因素。堰塞湖形成后，上游来水在库区蓄积，形成回水淹没，尤其是在突发降雨的情况下，水位上升加速，坝体内部孔隙水压力骤增，坝体稳定性降低，增大了溃坝风险。

（3）人类活动。人类活动在堰塞湖灾害链中也起着重要作用，一定程度上可以加剧或减轻灾害。加剧方面，如无节制的乱砍滥伐、毁林开荒、坡脚开挖、围湖（河）造田等，在一定程度上诱发灾害链的产生、加剧了灾害的严重程度、扩大致灾范围等。同时，通过人类活动也可以减缓灾害的发生，进而降低灾害规模，如植树造林从根本上减少滑坡堵江的物源、滑坡堵江后通过人为判断和处置（开设导流槽）延缓或阻断堰塞湖灾害链的演化过程，这也是人工断链的主要方向。

### 5.2.3　灾害链的生态环境效应

堰塞湖灾害链因为其造成巨大的上游淹没范围和下游溃坝洪水淹没冲击，对生态环境和沿岸人民的生命财产安全构成了巨大威胁，对下游土壤及生态造成不可估量的影响。灾害链以堰塞坝为界可以分为上下两个部分。

上游，由于水位的短时间内快速上升，使得河岸岩土体孔隙水压力增大、强度降低，易发生边坡失稳破坏，同时，由于坝体拦截，河流流速由动态转化为静态，水体携带物在坝前大量沉积，将改变生物群落的结构和功能，野生动植物的生活环境发生改变，不适宜该环境的鱼类数量将大幅度下降，陆生植物由于水体长期浸泡，将发生腐烂，出现水体的富营养化。同时，伴随着水位的升高，水体表面积将大幅增大，蒸发量有所提高，将一定程度改变局部大气气候。

下游，对于原生态环境其危害则是致命的。不稳定的坝体在溃决后，将形成突发洪水或稀性泥石流，冲毁和淹没沿途一切物体。巨大的下泄量伴随着巨大的声响和震感，可以使河谷两岸的山体发生坍塌滑坡，为后续的洪灾、泥石流提供丰富的物源，加大了灾害的破坏性。在洪水（泥石流）下泄过程中，河道表层和两岸覆盖物随之运移，河道变形，基岩裸露，部分河道甚至发生改道；随着水流运动，流速逐渐下降，水体携带的大量固体物质发生沉积，并淤积于流经河段，造成大量掩埋。溃坝洪水的洪峰流量和运动速度较一般暴雨洪水大得多，涉及范围可能达到下游上百甚至上千公里，而且河流下游往往为人口密集、经济发达地区，则受灾损失进一步增大。1933 年叠溪海子溃决，洪峰最大高 66.7m，在下泄的过程中洗劫了茂县、汶川、都江堰等县（市），洪水涉及下游 1000km 多的宜宾市，人员伤亡 2 万以上，农田 5 万亩被毁；1967 年，雅砻江上因滑坡堵江形成的唐古栋堰塞坝发生溃决，大量洪水下泄，在下游 10km 处最大水位达 48m，流量 $62100m^3/s$，洪水涉及下游 1700km 的重庆市；2000 年，因滑坡形成的易贡堰塞湖发生溃决，冲毁了下游 $8km^2$ 的森林，损失达 1.3 亿元（不包括毁坏的森林）。

此外，堰塞湖造成库区淤积，加剧了河道的演化，当水位变幅较大、上游来泥沙较多且较粗时，库区淤积较大，且由粗细沿途沉积，加大了河道坡降，由于回水作用，造成淤积范围不断上延，进而抬升水位，加大淹没范围，部分地质较差地段可能诱发水库地震，同时库水提高了坝体的侧向压力，增大了坝体溃决风险。由于泥沙淤积在库区，造成泥沙下泄量减小，下游河床冲刷加剧，诱发河床变形，带来不利的环境、

生态影响。坝体溃决后，水流携带大量泥沙下泄，形成挟沙水流或泥石流，河道两岸和表层的覆盖堆积物被水流铲刮，造成河道变形，甚至在较低部位引发河流改道；水灾过后，大量泥沙淤积于河床中，淹没沿程一切农田及建筑物，掩埋深度甚至高达数十米，改变了原有地形地貌。

总之，堰塞湖灾害链将诱发大量的次生灾害，其生态环境效应巨大，从河床形态到下游人们生活方式及土壤结构都产生巨大影响，甚至改变一个文明进程。

## 5.3 堰塞湖灾害链的风险评价

堰塞湖灾害链在演化传递过程中，河流两岸的松散体在水的作用下，进入河道堆积，一定条件下向下游演化，期间伴随着大量淹没和巨量冲击铲蚀。由于暴发突然、历时较长、范围较广，对河道下游的人们生命财产及公共设施安全构成巨大威胁。因此，为了降低灾害损失，提出合理的防灾方案，必须对灾害链进行危险性评价，预测滑坡堰塞湖灾害链的风险等级。

### 5.3.1 灾害链风险评估方法

风险评价是基于风险识别，全面考虑衡量风险事件的发生概率及可能后果的一种评价。常用的评价方法包括定性（专家打分、层次分析、调查分析、Monte - Carlo 等）、定量（敏感分析、决策树、糊综合评价、盈亏平衡）等、定性定量相结合 3 大类。

堰塞湖灾害链在其发生、发展、消亡过程中，其发生过程（滑坡堵江）一般造成的损害较小，其主要的损害主要集中于库区水位上升对上游的淹没以及溃决过程中对下游沿途的冲击与淹没，尤其是溃决过程中的损害。在 SL 450—2009《堰塞湖风险等级划分标准》中，考虑不同影响因素，把堰塞体的危险程度分为四类：极高危险、高危险、中危险、低危险，见表 5-1。

**表 5-1　　堰塞体危险级别与分级指标**

| 风险等级 | 危险级别 | 分级指标 | | | | |
|---|---|---|---|---|---|---|
| | | 对下游威胁程度/万人 | 坝体物质组成 | 最大库容/亿 m³ | 库区集雨面积/km² | 坝高/m |
| Ⅰ | 极高危险 | >100 | 以土质为主 | ≥1.0 | >1000 | >70 |
| Ⅱ | 高危险 | 50～100 | 土含块石 | 0.1～1.0 | 100～1000 | 30～70 |
| Ⅲ | 中危险 | 10～50 | 块石含土 | 0.01～0.1 | 50～100 | 15～30 |
| Ⅳ | 低危险 | <10 | 以块石为主 | <0.01 | <50 | <15 |

本书基于风险理论，采用模糊数学方法（消除量纲影响）对堰塞湖的风险等级进行评价，具体步骤为：

（1）确定和堰塞湖风险紧密相关的指标，建立评价指标体系。

（2）确定各级指标的定性定量范围。

（3）基于工程经验及相关文献归纳总结结果，采用层次分析法（AHP）确定相关指

标的权重 $a_i(i=1,2,3,\cdots,n,\ n$ 为指标数），SL 450—2009 中通过分析 6 个指标给出了相应权重，见表 5-2。

表 5-2　　堰塞湖灾害链分析评价各指标权重分布

| 指标 | 坝体材料 | 坝高/m | 库容/万 $m^3$ | 影响人口/万人 | 影响城镇 | 公共设施 |
| --- | --- | --- | --- | --- | --- | --- |
| 权重 $a_i$ | 0.4 | 0.21 | 0.09 | 0.19 | 0.04 | 0.07 |

（4）确定各指标的域值，其中定量指标值采用相应指标的各级上下限 $b_i(i=1,2,3,\cdots,n)$，定性指标采用百分制，参考堰塞湖风险等级划分标准，本文暂定四级风险：极高危险、高危险、中危险、低危险。

（5）按式（5-1）计算各指标相应的风险隶属等级，由式（5-2）计算各指标的评价矩阵 $\boldsymbol{R}$ 获得相应权重。

$$r_{im}(x_i)=\begin{cases}0,x_i\geqslant b_{6-m}\\ \dfrac{b_{6-m}-x_i}{b_{6-m}-b_{5-m}},b_{5-m}<x_i<b_{6-m}\\ 1,x_i=b_{5-m}\\ \dfrac{x_i-b_{4-m}}{b_{5-m}-b_{4-m}},b_{4-m}<x_i<b_{5-m}\\ 0,x_i\leqslant b_{4-m}\end{cases}\quad(m=1,2,3,4;\quad i=1,2,3,\cdots,n)\tag{5-1}$$

$$\boldsymbol{R}=\begin{vmatrix}r_{11} & r_{12} & r_{13} & r_{14}\\ r_{21} & r_{22} & r_{23} & r_{24}\\ \vdots & \vdots & \vdots & \vdots\\ r_{n1} & r_{n2} & r_{n3} & r_{n4}\end{vmatrix}\tag{5-2}$$

式中　$x_i$——第 $i$ 项分级指标值，当 $m=4$ 时，$b_{4-m}=0$。

（6）根据获得的权重及判断矩阵，采用式（5-3）计算堰塞湖的风险指标。

$$\boldsymbol{B}=\boldsymbol{A}\cdot\boldsymbol{R}\tag{5-3}$$

（7）遵循最大录隶度原则（即只要满足一个最大指标，即按该级处理），取 $B$ 数列中最大者，作为模糊评价结果。如式（5-4）所示：

$$\text{如果 } B_i=\max(B_1,B_2,B_3,B_4),\quad \text{则 } G=i\tag{5-4}$$

例如 $B_2=\max(B_1,\ B_2,\ B_3,\ B_4)$，则 $G=2$，危险性为第二等级，即高危险。

### 5.3.2　灾害链风险评估指标

坝体溃决及洪水规模的影响因素较多，也较复杂，因此评价过程中，“突出重点、兼顾一般”，全盘考虑各类相关因素。结合第 3 章研究结果与 SL 450—2009《堰塞湖风险等级划分标准》，本书风险评价主要考虑了以下 6 个指标：沿岸及下游社会发展状况 $I_1$、坝体物质组成 $I_2$、堰塞体体积参数 $I_3$、库区水位增长率 $I_4$、库区两岸山体的稳定性 $I_5$、下游河道情况 $I_6$，其中 $I_1$、$I_6$ 直接反映了溃坝前后的经济损失程度，$I_2$、$I_3$、$I_4$、$I_5$ 反映溃坝的风险程度。

(1) 沿岸及下游社会发展状况 $I_1$：库水上涨及溃坝下泄过程中，将对沿岸、下游的居民点及公共设计造成冲击和掩埋，沿岸及下游经济社会越发达，溃坝造成的损失越大，而城镇、公共设置等社会发展状况，可通过人口规模直观反映，即人口越多的地方，其社会发展状况一般越发达。

(2) 坝体物质组成 $I_2$：是堰塞湖危险级别的重要指标，包括坝料种类（块石、块石为主、土质为主、土质）及不均匀性 $[S=(d_{75}/d_{25})^{0.5}]$。首先，块石结构性较好，互相咬合，整体强度较高，能抵抗较大的外界干扰，相反，颗粒较小，材料自身结构稳定性较差，易发生液化而失稳。其次，坝料颗粒的不均匀性对坝体内部结构有较大影响，不均匀性越大，颗粒间相互填充越密实，孔隙率越小，整体稳定性越好，抗冲刷能力越强，能够抵抗较大的水头。

(3) 堰塞体体积参数 $I_3[DBI=\lg(AH/V)]$：主要包括坝高 $H$、坝体体积 $V$、集雨面积 $A$，其中坝高 $H$ 是库区水位和能量的一个重要参数，坝高越大，库区积水能达到的水位就越高，水压力就越大，溃坝风险越大，产生的溃坝洪水洪峰流量越大；坝体体积 $V$ 通过自重维持坝体稳定；积水面积 $A$ 反映了水库容积，决定了河流的流量和能量。若单独以其中某一指标，不考虑其他因素，则很难反映其危险程度，如坝体较高，但其体积很大（如顺河向长度大），如一座大山横亘河道，则其危险性未必大。因此需要一个综合性指标 $DBI$ 进行综合衡量。当 $DBI \geqslant 3.08$，极高危险；$2.92 \leqslant DBI < 3.08$；高危险，$2.75 \leqslant DBI < 2.92$ 中危险；$DBI < 2.75$，低风险[121]。通常全堵型堰塞体河道与坝体宽度近似相等，其比值约为 1，$I_2$ 反映了回水长度 $L_1$ 和坝体顺河长度 $L_2$ 的关系，则 $I_2=\lg(aL_1/L_2)$，$a$ 为定值。

(4) 库区水位增长率 $I_4$：反映了库区水位的变化快慢，增长率大不仅说明坝体内部含水率增长快，而且说明其漫坝时间更短，主要由来流量、下泄量及库区表面积决定，间接反映集雨面积。成都理工大学罗涛逸通过分析表明，坝体的稳定性与库水升降速率成对数关系，并建立了库水升降的风险判据，提出库水升降的蓝黄橙红四级指标（库水上升：2.8m/d、4.7m/d、6.7m/d、8.6m/d；库水下降：0.11m/d、0.18m/d、0.23m/d、0.35m/d）[122]。堰塞湖溃决分析主要体现在库水上升。

(5) 库区残留山体的特点 $I_5$：水库蓄水后，如果库区发生崩塌、滑坡，在减小库区库容的同时将产生较大涌浪，不但抬高了库区水位，而且对坝体产生较大的冲击荷载（见第 3 章），增大了坝体溃决风险。

(6) 洪峰量及下游河道情况 $I_6$：洪峰是溃坝洪水最直接的危害体现，下游河道安全度汛能力对溃坝洪水的演进有较大的影响，其中河道弯道情况对能量消耗影响较大，弯道越多，水能消耗越大，水流速度降低越快，对更下游的影响相对较小，而河床坡降直接影响水体势能和动能的转化，在山区河谷中，一般坡降较大，因此这里未考虑坡降。

通过查阅文献及咨询，提出了堰塞湖灾害链的风险级别及划分标准，见表 5-3，并把风险评分标准模糊化，总共分为四级，极高危险、高危险、中危险、低危险。

对于无上限的指标，按等差方法给出，如体积参数 $I_3$，则各指标的四级上下限 $b_i$ 为：

表5-3　　堰塞湖灾害链危险级别与分级指标

| 风险等级 | 危险级别 | 分级指标 | | | | | |
|---|---|---|---|---|---|---|---|
| | | 沿岸及下游社会发展状况 $I_1$ | 坝体物质组成 $I_2$ | 堰塞体体积参数 $I_3$ | 库区水位增长率 $I_4$ | 库区残留山体的特点 $I_5$ | 洪峰及下游河道情况 $I_6$ |
| Ⅰ | 极高危险 | 100万～1000万人 | 土质为主 | >3.08 | 8.6m/d | 潜在大型滑坡 | 大洪峰、河道顺直 |
| Ⅱ | 高危险 | 10万～100万人 | 土含块石 | 2.92～3.08 | 6.7m/d | 潜在中型滑坡 | 大洪峰、河道较弯曲 |
| Ⅲ | 中危险 | 1万～10万人 | 块石含土 | 2.75～2.92 | 4.7m/d | 潜在小型滑坡 | 小洪峰、河道较弯曲 |
| Ⅳ | 低危险 | 0～1万人 | 块石为主 | 0～2.75 | 2.8m/d | 潜在微型滑坡 | 小洪峰、河道较顺直 |

$$b_i=\begin{pmatrix}b_1\\b_2\\b_3\\b_4\\b_5\end{pmatrix}=\begin{pmatrix}0&1&10&100&1000\\0&0.25&0.50&0.75&1.00\\0&2.75&2.91&3.08&3.25\\0&2.8&4.7&6.7&8.6\\0&0.25&0.50&0.75&1.00\\0&0.25&0.50&0.75&1.0\end{pmatrix}$$

继而，通过对SL 450—2009《堰塞湖风险等级划分标准》等相关文献的归纳总结，初步得出了6个指标的权重分布，见表5-4。

表5-4　　评价指标权重分布

| 指标 | 沿岸及下游社会发展状况 $I_1$ | 坝体物质组成 $I_2$ | 堰塞体体积参数 $I_3$ | 库区水位增长率 $I_4$ | 库区两岸山体的稳定性 $I_5$ | 下游河道情况 $I_6$ |
|---|---|---|---|---|---|---|
| 权重 $a_i$ | 0.30 | 0.25 | 0.25 | 0.10 | 0.05 | 0.05 |

采用上述方法，综合所有安全指标，可以判断堰塞湖的危险类别，并采用相应的应对措施，对于危险较大的堰塞湖，应该采用人工措施尽量提前低水位溃决，并且尽量延长溃决过程，降低溃坝洪峰流量，对于危险较低的堰塞湖，通过论证，可以通过加固后进行开发。下面，结合"5·12"汶川地震产生的唐家山堰塞湖灾害链进行算例分析。

### 5.3.3　灾害链风险评估算例

唐家山堰塞湖是"5·12"汶川地震触发湔江支流通口河上游的唐家山发生山体崩塌堵塞通口河而成，坝址位于北川县城上游3.2km处，是我国已知的最大地震堰塞湖，其库容最大达1.45亿$m^3$，坝体最大宽611m、顺河长803m，最大坝高82.65～124.4m，总方量达2073万$m^3$，其物质组成主要是巨石夹杂山坡风积土，水库容积1.45亿$m^3$，其相应的积水面积约为7.68$km^2$，上游集水面积达3550$km^2$。堰塞湖所在的通口河山高谷深，断面成V形，河床平均坡降约为3.57%。堰塞体形成后，湔江上游被拦蓄在库区，且水

位不断上升，对下游绵阳市120万人的生命财产构成巨大威胁，引发全国人民关注[121]。库区水位变化过程如图5-4所示。

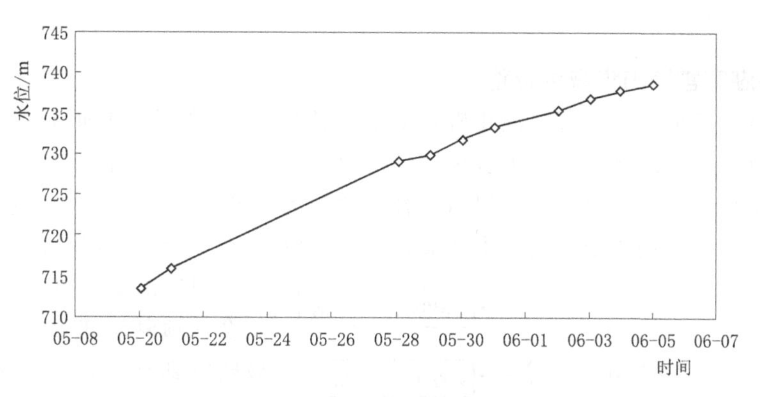


图5-4 唐家山库区蓄水期间水位变化

结合唐家山实际情况，可知各指标的取值，沿岸及下游社会发展状况 $I_1$：绵阳市120万人；坝体物质组成 $I_2$：为块石含土型，模糊分数60；堰塞体体积参数 $I_3$：坝高82.65m，体积2037万 $m^3$，集雨面积 $3550km^2$，则 $DBI=4.16$，（超过最大区间）；库区水位增长率 $I_4$：存在25d，水位上升82m，日均3.28m；库区残留山体的特点 $I_5$：坝址上游4km存在1650万 $m^3$ 的马铃岩古滑坡体有复苏迹象，且唐家山滑坡时，仍有大量松散体存留在山坡上，库区易产生大中型滑坡，模糊分数90；洪峰及下游河道情况 $I_6$：溃坝洪峰流量可达上万方每秒，洪峰流量巨大，且河床坡度较陡，形成的洪水冲击较大，模糊分数95。由式（5-1）、式（5-2）可知：

$$\boldsymbol{R}=\begin{vmatrix} 0.98 & 0 & 0 & 0 \\ 0.4 & 0.6 & 0 & 0 \\ 0 & 0 & 0 & 0 \\ 0 & 0.25 & 0.75 & 0 \\ 0.4 & 0 & 0 & 0 \\ 0.2 & 0 & 0 & 0 \end{vmatrix}$$

$$\boldsymbol{B}=(0.30,0.25,0.25,0.10,0.05,0.05)\begin{vmatrix} 0.98 & 0 & 0 & 0 \\ 0.4 & 0.6 & 0 & 0 \\ 0 & 0 & 0 & 0 \\ 0 & 0.25 & 0.75 & 0 \\ 0.4 & 0 & 0 & 0 \\ 0.2 & 0 & 0 & 0 \end{vmatrix}=(0.424,0.175,0.075,0)$$

基于最大隶属度原则，由式（5-4）可得，$B_i=\max(0.424,\ 0.175,\ 0.075,\ 0)$，$0.424>0.175>0.075>0$ 则 $G=1$，即：唐家山风险等级为Ⅰ级，极高危险。

为了减小损失，必须采取有效的措施进行人为干预，尽最大可能降低堰塞湖灾害链的风险度。

## 5.4　灾害链的控制研究

### 5.4.1　堰塞湖灾害链防灾减灾思路

西南山区滑坡堰塞湖灾害链演化机理复杂，具有致灾范围广、历时长、后果严重的特点，为了控制灾害的演化，降低灾害规模，主要遵循“预防为主、防治结合”的原则，针对各链间的承接关系，在此基础上提出综合性的防治方案。在堰塞湖灾害链的控制中，主要分为三大步骤：前期预报评估、中期应急处理、后期合理利用，如图 5-5 所示。

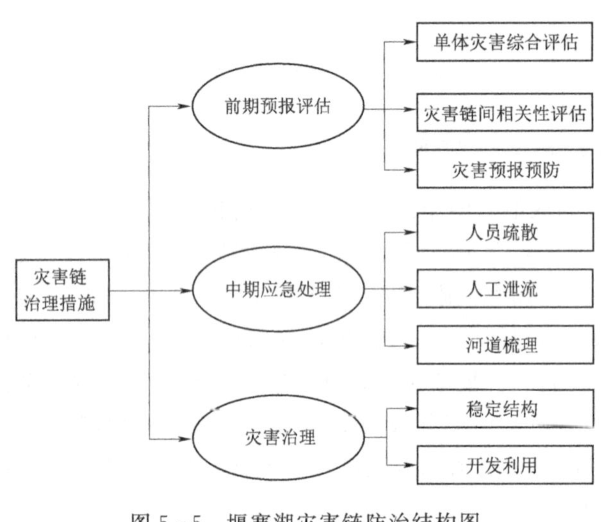

图 5-5　堰塞湖灾害链防治结构图

(1) 前期预报评估。前期准确、综合的预测结果对于灾害预防、有效断链具有极其重要的作用。在前期预测中，首先需要综合评估各单体灾害（如崩塌、滑坡、泥石流等）的发育情况，并对滑坡堵江风险较大的滑坡体进行重点监测，并采取相应的预报预警措施；其次需对灾害链间的相关性（相互演化）重点评估，并提出相应的应对预防措施；同时，对于现有的堰塞坝的稳定性状况进行综合分析，实时监测库区水位变化。

(2) 中期应急处理。堰塞湖灾害链一旦启动（滑坡堵江），在较短时间就将发生演化，以另外一种灾害模式表现出来，风险较大，因此为了隔断灾害链，必须采取相应的应急措施进行控制。在应急处理过程中，需要根据灾害的各自特点，快速制定简单易行的减灾措施，如采用爆破泄流、开渠引流等方式尽量降低库区最大水位（少蓄水），如图 5-6 所示。因此，在其低水位时溃决产生的破坏性要小得多。

(3) 后期合理利用。应急处理是为了减轻灾害迫不得已采取的措施，如果能够变害为利，对堰塞体合理利用，达到人与自然和谐共处，才是最好的处置方法。对于上游来水较少或有另外泄水通道的堰塞体，其稳定性较好，溃决风险较低，在确保其安全稳定的基础上，经过一定的加固处理，可以对其进行全面的开发利用，如灌溉、供水、发电、养殖、旅游等，如重庆小南海堰塞坝（1856 年）、宁夏海原党家岔堰塞湖（1920 年）、四川叠溪海子（1933 年）、美国蒙大拿州地震滑坡堰塞湖（1959 年）、新西兰普卡基湖（蓝色牛奶湖）（2 万年前）等。

### 5.4.2　堰塞湖灾害链控制方法

随着全球气候变暖，地质活动频繁，降雨集中，滑坡堰塞湖形成及其溃决愈加频繁，对沿岸的生态环境及人民生命财产构成巨大威胁，必须采取有效措施，减小堰塞湖灾害链

（a）都江堰市白沙河　　（b）北川县复兴河

（c）平武县石坎河　　（d）北川县通口河

图 5-6　常见的导流槽开设方法

的危害，以降低损失。根据堰塞湖灾害链的形成时间，其可以分为早期、中期、晚期：早期是灾害的积累阶段，其破坏性较低，历时较长；中期是灾害的发育阶段，包括地震引发的山体崩塌、滑坡，进而堵江等，具有一定的破坏性，一旦达到了爆发条件，灾害立即发生，能量将瞬间（短时间）释放；晚期为灾害的爆发阶段，其储存的破坏性猛烈爆发，势能转化为动能，过程短暂而强烈。

通过灾害链的阶段划分，可以更好地了解链上各灾害间的演化规律，为灾害的量化和控制提供参考。对于早期阶段，利用较长的潜伏期，为断链措施的实施提供了机会和条件。对于中晚期阶段，通过可能发生的灾害种类和规模，进行相应的防御和治理，见表 5-5。

**表 5-5　灾害链阶段划分**

| 阶段划分 | 特　征 | 能量状态 | 破坏程度 | 应对思路 |
|---|---|---|---|---|
| 早期 | 潜伏阶段 | 能量聚集 | 无大破坏 | 断链 |
| 中期 | 发育阶段 | 能量储存 | 一定破坏 | 防御 |
| 晚期 | 爆发阶段 | 能量释放 | 巨大破坏 | 减灾 |

早期的断链处于灾害链的形成初期，灾害链的破坏性还未形成或较小，该阶段的防灾处理具有投入少，成果显著的特点。在采取断链措施之前，需要探明灾害链初期的表现形

态和形成的内外因素，进而针对性地提出断链的方式和途径。不同类型的灾害，其表现形式和影响因素不尽相同，采取的断链措施也有所差异。断链措施主要是通过因势利导来减轻灾害恶性循环。堰塞湖灾害链的初始断链，主要是避免滑坡堵江的发生，可行的措施是利用先进的地理信息系统（GIS）、全球卫星定位（GPS）和遥感（RS）等技术预测未来某段时间内可能气候变化（降雨、升温等）的时空分布，查明可能发生滑坡的部位，分析滑坡可能产生的后果，针对性地提出处理措施，包括岩体加固（避免滑坡的发生）、山体预爆除（预先爆破除去部分松散体，避免完全堵江）。

中期是堰塞湖灾害链控制的主要阶段，该阶段灾害已经较明确，采取减灾措施较急迫。该阶段需要探明滑坡堵江的原因、性质、可能的后果，因地制宜，科学的制定减灾方案，主要是降低库区水位，避免短时间内溃坝，降低溃口单位下泄流量、流速，见表 5-6。

**表 5-6　　堰塞湖灾害链常见应急处理方式**

| 处置方式 | 适用条件 | 采取措施 |
|---|---|---|
| 漫顶溃决 | 规模较小，蓄水量不大，溃决对下游影响较小的堰塞体 | 可以不采取工程措施，任其自由溃决 |
| 爆破泄流 | 库区两岸山体较稳定，坝体相对较小，大型机械无法施工或时间紧迫，且对下游威胁较大 | 通过钻孔爆破等手段炸除部分堰塞体，使湖水通过缺口下泄 |
| 开渠引流 | 处理时间较充足，存在大型机械施工条件，但溃决影响重大 | 在坝顶相应位置开设泄流槽，通过降低水头减灾 |
| 固堰成坝 | 堰塞体结构较稳定、坚固，漫顶不会冲垮坝体，或坝体规模巨大，短期内不会满溢 | 采取护坡、防渗加固坝体，待汛期结束后再行处理 |
| 自然留存 | 适用于堰塞体坚固、漫顶溃决过流后不发生溃决或可能性较小的堰塞体 | 不采取任何工程措施，等待湖水上涨漫顶过水 |

对于库区水位较低、处理时间充足时，可以直接挖除堰塞体，避免后续灾害链的传递。对于库水较高、溃决风险较大时，采用降低库水位或延缓库水位上升。降低水位可以采用导流洞、倒虹吸管、导流槽等使得库水控制下泄：

（1）导流洞：由于堰塞体结构较松散杂乱，一般不具备开挖导流洞的限制，一般采用在河岸山体内开设导流洞形式，如唐家山堰塞湖治理中在左岸山体中开设了一条长 465.4m、宽 4.7m、高 5.1m、坡降 16.39‰的泄洪道；红石岩堰塞湖应急除险时把原有的检修通道改造为导流洞，延缓了库水上升速度。

（2）倒虹吸管：基于虹吸管原理和坝体上下游水位差，通过虹吸管把库水导入下游，但这种导流方式导流量较小，一般只适用于上游来流量较小情况。

（3）导流槽：是最常见的堰塞湖处理方式，通过人工开挖或爆破，在坝体表面形成泄流通道，降低最大库水高度，相应地降低最大下泄流量，当水位到达泄流槽底部，引导库水下泄。如 2000 年，易贡滑坡堰塞湖发生后，武警部队通过 33d 奋战，开挖土石方 135.5 万 $m^3$，形成导流渠，降低过水高程 24.1m，降低库水拦蓄 20 亿 $m^3$，并对下游进行了预警，最大限度地降低了堰塞坝灾害损失（无人员伤亡）。表 5-7 为“5·12”汶川地震诱发的部分堰塞湖处理方案及效果。

**表 5－7　“5·12”汶川地震诱发的部分堰塞坝处理方案**

| 类型 | 名称 | 堰塞湖险情 | 处理方案 | 处理效果 |
| --- | --- | --- | --- | --- |
| 高危 | 唐家山 | 坝高 82.5m、长 803m、宽 611m，面积 30 万 $m^2$，由石头和风化土组成，是历史上面积最大、危险最大地震湖 | 人工开挖导流槽，最大达 6680$m^3$/s，库区水位迅速下降 | 冲毁下游苦竹坝、新街村、岩羊滩 3 处中危堰塞湖、北川白果树低危堰塞湖，使其险情消除 |
| | 文家坝 | 长 800m、宽 50m、高 30m，下游南坝镇是平武交通枢纽 | 开挖一条长约 500m 的导流明渠 | 泄洪槽由 10m 拓宽到 120m，流量 2000$m^3$/s，后险情消除 |
| | 小岗剑上 | 坝高 63m、长 105m、宽 173m，堰体含石量仅 30%左右，威胁下游汉旺、绵竹城区 | 坝体中央炸出一条宽 25m、深 13m 的引水槽 | 流量 3000$m^3$/s，持续约 10min，450m 河堤决堤，后险情消除 |
| 中危 | 唐家湾 | 坝高 30m、宽 300m，由松散碎石组成，稳定性较差 | 开挖泄流槽 | 排泄库容 200 万 $m^3$，降低水位 5m，险情消除 |
| | 罐滩 | 坝高 60m、长 120m、宽 200m，方量 140 万 $m^3$，湖容约 1000 万 $m^3$，威胁 4.21 万人 | 泄洪疏导 | 险情消除 |
| | 马鞍石 | 坝高 67.6m、长 950m、宽 270m，库容为 1150 万 $m^3$ | 采取爆破和水切割相结合导流泄洪 | 流量达到 2200$m^3$/s，险情消除 |
| 低危 | 木瓜坪 | 坝高 15m、长 20m、宽 100m，体积 6 万 $m^3$ | 爆破排险 | 险情消除 |
| | 黑洞崖 | 蓄水 300 万 $m^3$ | 自然冲开缺口，危险程度大大降低 | 险情消除 |
| | 干河口 | 坝高 10m，蓄水 50 万 $m^3$ | 对下游不构成威胁，无工程措施 | 险情消除 |

开挖导流槽时，在导流槽泄洪断面面积满足泄洪要求的基础上，因地制宜，因势利导，为了避免泄洪时导流槽扩容过快诱发坝体快速溃决，导流槽一般应尽量布置在堰塞坝的两侧而不能放置在坝体中央；同时，为了保护泄流槽的两侧和底部，需要采用部分加固措施，如大块石和钢筋笼经常被采用其中，梯形导流槽较合理，也是较常用的泄流控制措施（见第 3 章）；为了预防坝顶水体冲刷，可以采用坝顶大块石护坝，如图 5－7 所示。

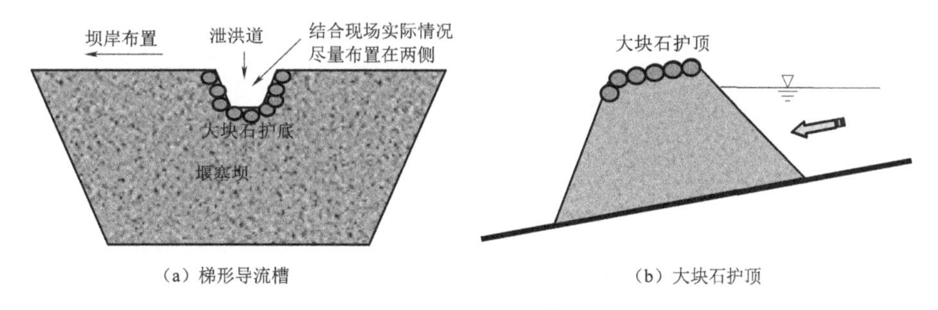


（a）梯形导流槽　　（b）大块石护顶

图 5－7　堰塞坝应急治理

晚期是灾害发生以后，其破坏性已经释放，该阶段主要通过转移人员和财产来降低灾害损失。

## 5.5　本章小结

西南山区滑坡堰塞湖灾害链从滑坡堵江开始，历经堰塞湖阶段、溃坝阶段、洪水（泥石流）演进阶段、淤积掩埋阶段，甚至再次形成堵江，各环节在合适的条件下，可以实现相互演化，涉及的范围较大、历时较长、受灾严重。

本章分析了滑坡堰塞湖灾害链各链间的联系及对生态环境的影响，重点分析了堰塞湖环节在其中所起的作用——为灾害链演化提供了必要的水源、降低了演化条件、延长了灾害链环节，扩展了灾害的时空范围。论文采用模糊数学方法对堰塞湖灾害链的风险等级进行评价并选出 6 个主要的评价指标，在此基础上，探讨了堰塞湖灾害链的前中后的分期防灾减灾思路和控制方法，对于堰塞湖灾害链的综合治理具有较大的参考价值。

# 第6章　案例分析——红石岩滑坡堰塞湖

## 6.1　红石岩滑坡堰塞湖概况

鲁甸县（北纬27.1°，东经103.3°）为云南昭通下辖县，位于我国云南省的东南部，牛栏江的北岸，由一江（牛栏江）、两山（乌蒙山、五莲峰）、三河（龙树河、沙坝河、昭鲁河）、两个坝子（文桃坝子、龙树坝子）构成，全县地貌复杂，以山地为主，其中山地面积（1305km$^2$）占87.9%，平原区（180km$^2$）占12.1%，总人口为43.5万，少数民族占20.5%。鲁甸属于季风气候区，年平均气温12.1℃，年平均降雨量923.5mm。2014年8月3日16时30分，鲁甸县发生6.5级地震（图6-1），震源深度12km，震中位于鲁甸龙头山镇周边，最高烈度为Ⅸ度。地震中，108.84万人受到影响，其中617人死亡、112人失踪，3143人受伤，22.97万人被紧急转移，据不完全统计，直接经济损失达4.6亿元[123]。

图6-1　鲁甸“8·3”地震民房破损情况（来自云南省测绘地理信息局）

鲁甸地震震中区域地质条件复杂，山高谷深，余震不断，加之降雨影响，产生了许多滑坡、崩塌、泥石流、堰塞湖和地裂缝等次生地质灾害。其中，鲁甸县火德红乡红石岩村上游河段发生两侧严重山体垮塌，造成会泽县纸厂乡江边村委会区域内（红石岩水电站取水坝下游约600m处）牛栏江堵塞形成了本次地震最大的堰塞湖——红石岩堰塞湖。该堰塞湖是仅次于2008年的唐家山堰塞湖的全国已知第二大地震滑坡堰塞湖，但其库容是唐家山的近两倍，落差也较唐家山大得多，如果满库溃坝，其对下游危害难以估量，见表6-1。

表 6-1　　红石岩堰塞湖与唐家山堰塞湖对比

| 名　称 | 红 石 岩 堰 塞 湖 | 唐 家 山 堰 塞 湖 |
|---|---|---|
| 位置 | 云南昭通鲁甸 | 四川绵阳北川 |
| 地震 | 6.5 级"8·3"鲁甸地震 | 8.0 级"5·12"汶川地震 |
| 成因 | 左右岸崩塌滑坡 | 右岸滑坡 |
| 坝高/m | 103 | 82.65～124.4 |
| 坝宽/m | 上游侧 286、下游侧 78 | 611 |
| 顺河向长度/m | 753 | 803 |
| 总方量/万 $m^3$ | 1200 | 2037 |
| 材料 | 巨石占 10%，30cm 以上的占 30%，块径 10～30cm 的占 40%，10cm 以下的占 20% | 由石头和山坡风化土组成 |
| 库容/亿 $m^3$ | 2.6 | 1.45 |
| 集水面积/$km^2$ | 11832 | 3550 |
| 回水长度/km | 25 | 20 |
| 影响人口、耕地 | 3 万人/3.3 万亩 | 疏散 25 万人 |

图 6-2　红石岩堰塞体上下游平面位置示意图

堰塞体堵塞牛栏江形成汇水面积 11832$km^2$、总库容达 2.6 亿 $m^3$、回水长度 25km 的堰塞湖。堰塞湖形成后，库区水位迅速上涨，直接影响上游会泽县两个乡镇（人口 0.9 万、耕地 0.85 万亩）及下游鲁甸、巧家、昭阳三县的 10 个乡镇（人口 3 万余、耕地 3.3 万亩）的安全，同时对上游的红石岩、小岩头（上游 26km）及下游的天花板（下游 19km）、黄角树（下游 59km）等水电站构成致命威胁，如图 6-2 所示。

## 6.2　滑坡堵江过程及风险评价分析

### 6.2.1　地形地貌条件

红石岩滑坡体位于昭通鲁甸李家山村的牛栏江右岸，山高谷深，最大高差达到 800m，左岸原始地形为 35°～50°，河岸段坡高约 200m，右岸为 50°～60°，局部为陡崖达到 70°，坡高约 600m，这样的高陡地形为滑坡崩塌的形成提供了必要的地形条件[124]。坡体结构上硬下软，上部主要为灰岩、白云岩，下部主要为泥岩、页岩。由于红石岩滑坡体所在区域位于昭通——莲峰断裂带附近，地应力场较强、岩体节理、裂隙发育，存在不同

程度的风化，以均匀风化为主，其中砂岩、泥岩风化深度为20～25m，灰岩、白云岩风化深度约20m，大量的风化物为滑坡、崩塌的发生提供了必要的物质来源。

鲁甸6.5级地震，最高烈度为Ⅸ度，触发了大量的浅表层崩塌、滑坡、滚石等地质灾害，规模一般在较小，在十几万立方米以内，主要集中在震源附近，最大的为牛栏江上的红石岩滑坡，其上部以崩塌为主，下部以顺层滑动为主。地震发生后，岩体稳定性大大降低，陈晓利等通过Geo Studio软件计算表明，安全系数由震前的1.450下降到0.962，直接导致红石岩坡体失稳[125]。

### 6.2.2 滑坡堵江特征

在特殊地质构造环境（堆积体、强度低）和滑坡触发源动力（地震）的作用下，位于牛栏江上游河段——昭通市鲁甸县火德红乡红石岩村（红石岩水电站处），两侧山体发生严重垮塌，北岸大量堆积体失稳进入河道，南部的老滑坡体也部分进入河道。1200万$m^3$的岩土体（以大石块为主）截断河流，形成堰塞湖。红石岩滑坡体滑源最大高程为1680m，宽度约200m，滑后堆积体最大高程为1350m，垂直距离为330m，由于河谷的V形地形条件所限，滑动过程无碎屑流发生。

堆积体进入河道后受V形河谷条件限制向河道两侧扩展有限，顺河向长条分布，形成堰塞体的主要部分。堰塞体顺河向长约753m，上游侧宽286m、下游侧宽78m，最大坝高约103m，坝顶最低高程1216m，堰塞坝上下游边坡约1∶1，水平投影面积$8\times10^4m^2$，总方量约1200万$m^3$，如图6-4所示，属于特大型滑坡[126]。堰塞体总体呈不对称的马鞍状，鞍部高程1222.00m，其中，巨石体约占10%，块径30cm以上的约占30%，块径10～30cm的约占40%，块径10cm以下的约占20%，从表面看，堆积介质自上而下均一性较好，如图6-5所示。

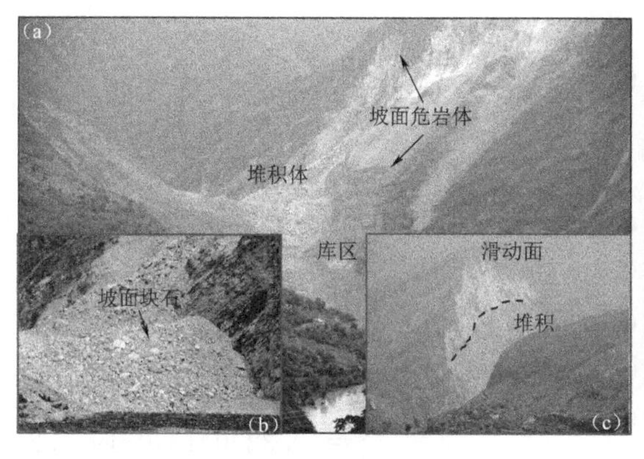


图6-3 红石岩滑坡堵江地质情况

(a) 滑坡堵江全景图；(b) 堆积体；(c) 滑坡前缘

图6-4 牛栏江沿岸地质揭露（库区）

### 6.2.3 堰塞湖灾害链危险性评价

结合红石岩堰塞湖的实际情况，得到其风险评价各指标的风险取值：沿岸及下游社会发展状况$I_1$：直接影响上游的会泽县及下游的鲁甸县、巧家县、昭阳县，影响人口3万人、农田3.3万亩；坝体物质组成$I_2$：大石块夹杂全强风化白云岩，模糊分数40；堰塞

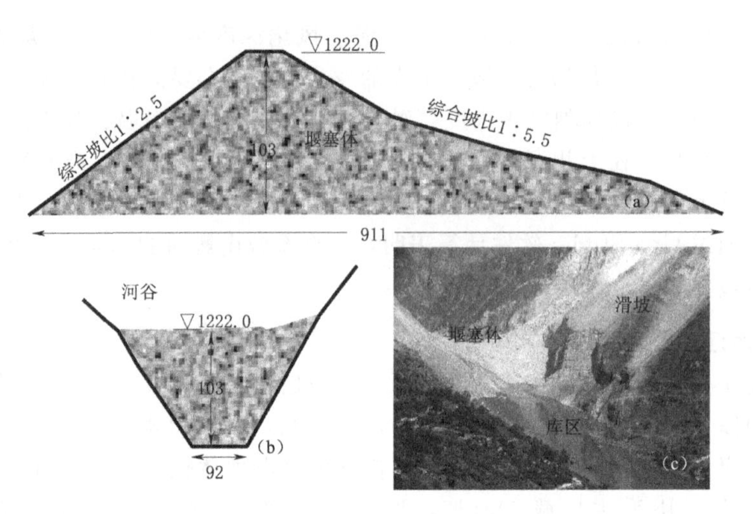


图6-5　红石岩堰塞体（单位：m）

(a) 堰塞坝鞍部剖面；(b) 坝轴线剖面；(c) 现场拍摄

体体积参数 $I_3$：坝高103m，体积1200万 $m^3$，集雨面积11832$km^2$，则 $DBI=5.01$（超过最大区间）；库区水位增长率 $I_4$：堰塞体形成后，92h内上升39.37m，10.27m/d，后续受台风“海鸥”影响，83h上涨了7.68m，2.1m/d，总体上，超过指标最大值；库区残留山体的特点 $I_5$：山体上仍残留大量的松散体，有再次发生大中型滑坡的可能性，模糊分数60；洪峰及下游河道情况 $I_6$：溃坝洪峰流量预计可达上万方每秒，洪峰流量巨大，河道较弯曲，一定程度上能延缓洪峰，模糊分数70。由式（5-1）、式（5-2），建立各指标的评价矩阵 $\boldsymbol{R}$：

$$\boldsymbol{R}=\begin{vmatrix} 0 & 0 & 0.3 & 0.7 \\ 0 & 0.6 & 0.4 & 0 \\ 0 & 0 & 0 & 0 \\ 0 & 0 & 0 & 0 \\ 0.4 & 0.6 & 0 & 0 \\ 0.8 & 0.2 & 0 & 0 \end{vmatrix}$$

$$\boldsymbol{B}=(0.30,0.25,0.25,0.10,0.05,0.05)\begin{vmatrix} 0 & 0 & 0.3 & 0.7 \\ 0 & 0.6 & 0.4 & 0 \\ 0 & 0 & 0 & 0 \\ 0 & 0 & 0 & 0 \\ 0.4 & 0.6 & 0 & 0 \\ 0.8 & 0.2 & 0 & 0 \end{vmatrix}=(0.32,0.19,0.19,0.21)$$

由式（5-4）可得，$B_i=\max(0.32,\ 0.19,\ 0.19,\ 0.21)$，$0.32>0.21>0.19=0.19$（第一项最大），则 $G=1$，即：红石岩风险等级为Ⅰ级，属于极高危险。

根据上述风险评估结果，极大风险，其致灾后果非常严重，因此需要对红石岩堰塞湖水文情况进一步的分析，并提出合理的处理措施，如人工提前泄洪及人工加固等。

# 6.3 堰塞坝溃坝洪水分析

## 6.3.1 水文特征

堰塞湖的灾害很大程度是水的灾害，水位变化是人们最关注的问题，也是库区应急处理的依据，然而，由于堰塞湖大多位于人迹罕至的高山峡谷区域，其形成与消亡时间较短，进行人工实时监测水位变化很难实施，最早有文献记载的只有唐家山堰塞湖（也不完整）。在红石岩堰塞湖过程中，前期采用了人工置尺观测（8 月 3—7 日），后期采用了压力式遥测水位计（8 月 7 日—10 月 4 日堰体消亡），最大水位变幅 45.06m（最低水位 1137.5m，最高水位 1182.56m），是唐家山的 1.85 倍，是昭通市一般河流的 5 倍。

堰塞湖形成时，牛栏江处于主汛期，上游以 270$m^3/s$ 来水在库区不断蓄积（见图 6-7），通过红石岩水电站泄水洞下泄流量约 80$m^3/s$，水位不断上涨，库区淹没面积不断增大，截至 5 日 12 时，堰塞湖水位达到 1174.60m，较 4 日 12 时上涨 16.17m，淹没农田 1350 多亩、房屋 92 户 368 间、公路 7.4km，并仍以每小时 0.16m 的速度逐渐上涨。地震发生后，灾区发生连续暴雨，湖内水位高出下游河道约 70m，随时有水流漫顶溃坝的可能。一旦发生水流漫坝，裹挟表面的松散体，引发溃坝事故，后果严重。

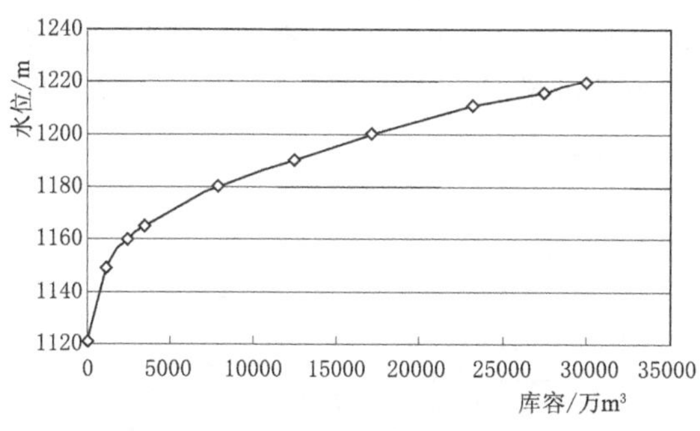


图 6-6 堰塞湖库容-水位曲线图

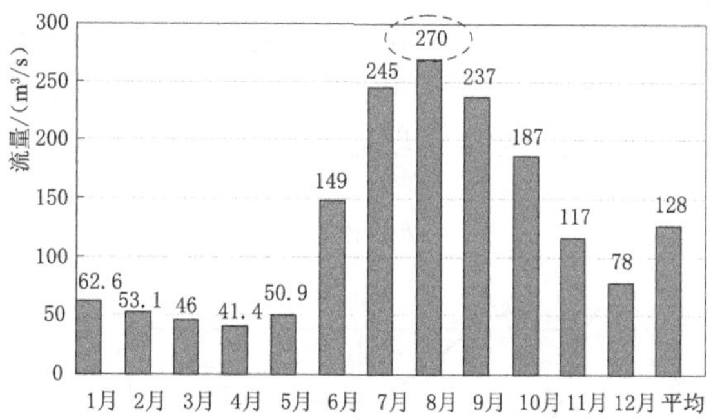


图 6-7 红石岩堰塞坝坝址多年平均流量成果

表 6-2 堰塞坝存蓄期部分入泄流情况

| 时　间 | 8 月 5 日 6：00 | 8 月 5 日 18：00 | 8 月 5 日 20：00 | 8 月 6 日 14：00 | 8 月 6 日 16：00 |
|---|---|---|---|---|---|
| 入湖流量/($m^3/s$) | 268 | 197 | 215 | 209 | 195 |
| 下泄流量/($m^3/s$) | 80 | 80 | 50 | 120 | 120 |
| 相应库容/万 $m^3$ | | | | 5600 | |

如图 6-8 所示，堰塞体形成后，库区水位主要发生了 7 次上涨，最显著的是形成堰塞体后，92h 内上升 39.37m，后续由于受台风“海鸥”影响，从 9 月 18 日起连续 83h 上涨了 7.68m[127]。在水位上升的过程中，上游库区淹没范围不断增大，包括房屋、公路及其他建设设置。

## 6.3.2 溃坝洪水演进过程

红石岩堰塞湖溃坝问题一直是堰塞坝抢险乃至鲁甸地震抢险救灾最关注的问题。堰塞

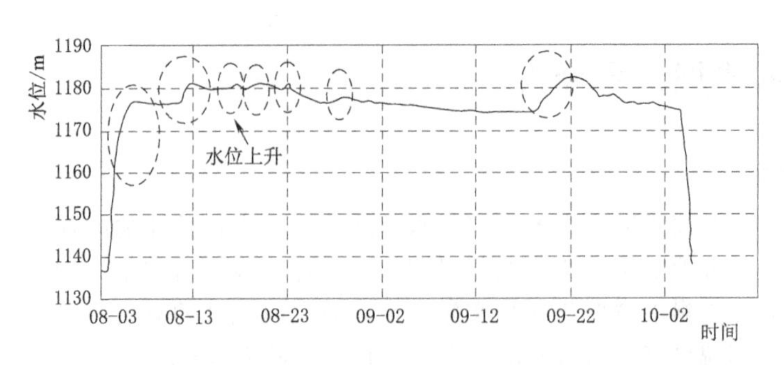


图 6-8　红石岩堰塞湖存续期水位变化

湖最坝高 103m，最大库容 2.6 亿 $m^3$，一旦溃决其下泄洪水极其巨大，后果是毁灭性的[128]。下面主要结合第 4 章分析溃坝洪水的规模和演进过程。

1. 坝址洪峰流量

根据前文所述，溃口断面为梯形，并采用溃口深度 $h$、溃口底宽 $b$ 和溃口边坡 $z$ 三个参数来控制溃口的形状和尺寸。溃口宽度和高度采用宽度系数 $k_1$ 和深度系数 $k_2$ 与堰塞体的实际宽度 $B$、高度 $H$ 建立联系。通过现场考察及相关文献，了解堰塞体的基本参数如下：坝体高度 $H=103$m，坝体宽度 $B=286$m，如图 6-9 所示。

已知溃口尺寸和上游水深的情况下，根据式（4-4）、式（4-5）、式（4-6）、式（4-7），可以计算溃坝时坝址的最大流量。后续开挖导流槽时，$z=1:1.5$，所以，这里我们也取这一数值。坝址不同溃口开度下最大流量计算结果见图 6-10。

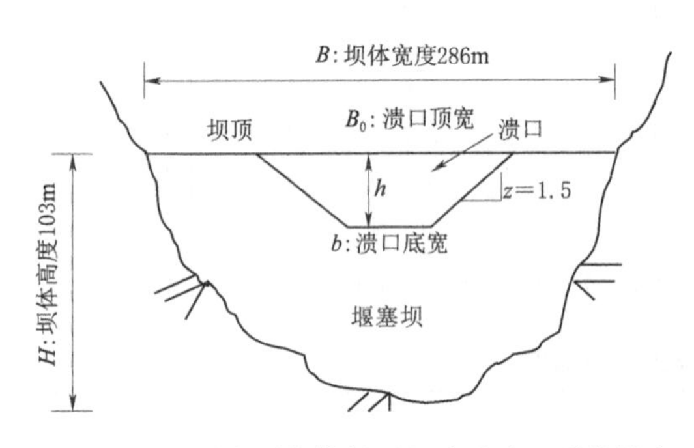


图 6-9　红石岩堰塞体断面尺寸及溃口形状假定

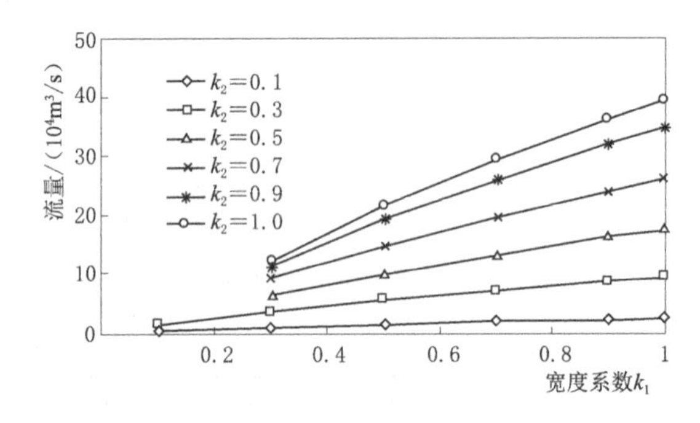


图 6-10　不同宽度系数、深度系数下红石岩溃坝坝址最大流量

如图 6-10 所示，堰塞湖一旦溃决其洪峰流量极其巨大，如果完全溃决，其流量将达到 40 万 $m^3/s$，当然，堰塞坝一般不会瞬间完全溃决，但即使是 1/3 溃决（宽度系数 1/3、深度系数 1/3）其溃决流量也将超过 4.6 万 $m^3/s$，其冲击、破坏性也是极其惊人的。

2. 坝址流量过程

坝体溃决后，坝址处的流量经历了增长-峰值-下降-稳定的过程，如果溃决时间较短，其增长时间较短，甚至可以认为瞬间达到峰值，而且该情况下的洪峰流量最大。溃坝风险评估时采用该方法制定的防洪措施具有较高的富余值，安全系数较高。这里结合工程经验，采用了四阶抛物线方程描述坝址的洪水过程，最大流量为溃决瞬间的流量，溃坝稳定

后，其下泄流量与上游来流量大致相当，因此，平衡流量为上游来流量。根据水文分析，红石岩堰塞湖的上游来流量为 $270m^3/s$，根据式（4-14)、式（4-15）可以大致算出红石岩堰塞湖溃决后坝址处的洪水过程线，结果如图 6-11 所示。

如图 6-11 所示，溃坝发生后，溃口流量减小，且开度越大，下降得越快。当开度为 0.5 时，最大流量为 10 万 $m^3/s$，其下降时间极短，30min 内可以泄空库水；当开度为 0.4 时，最大流量为 6.6 万 $m^3/s$，其下降时间较短，60min 内可以泄空库水；当开度为 0.3 时，最大流量为 3.8 万 $m^3/s$，90min 内可以泄空库水；如开度更小，其流量下降速度较慢，库水泄空时间较长，开度为 0.1 时，其开始流量较小，只有 $4600m^3/s$，其下降也较慢，100min 后，其流量仍有 $3300m^3/s$。

3. 溃坝洪水演进

堰塞体溃决后，大量库水汹涌下泄，沿河道向下游演进，对沿途河床及岸坡造成较大铲刮，增大了下泄洪水的挟沙量，对沿途建筑造成巨大的冲击荷载，甚至导致其毁灭。下游某一点的洪峰流量不仅与下泄流量有关，也与下游河道坡降及河床糙率有关。牛栏江中下游河段平均坡降 8‰，河床糙率和北川唐家山通口河类似，取 $n=0.050$。

已知坝址洪峰流量和下游河床坡降、糙率的情况下，根据式（4-14)、式（4-15)，可以计算溃坝时洪峰流量演进过程，结果如图 6-12 所示。

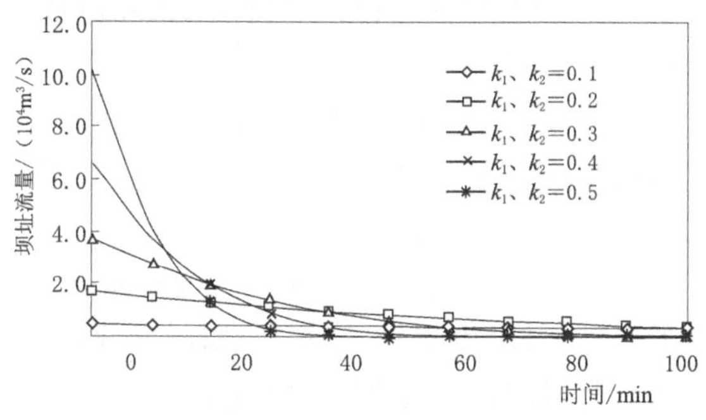


图 6-11 不同宽度系数、深度系数下红石岩溃坝坝址流量

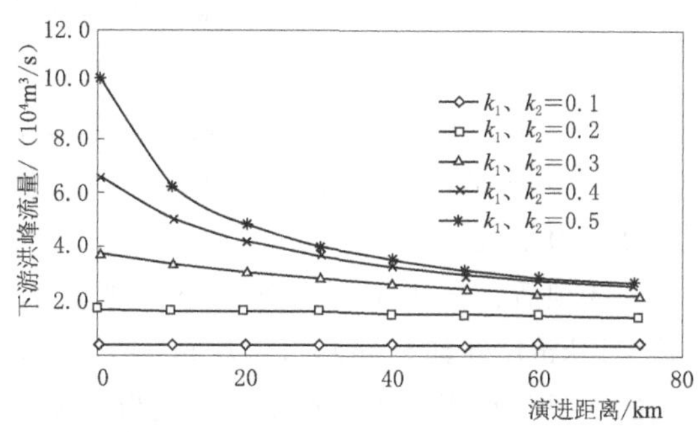


图 6-12 不同宽度系数、深度系数下红石岩溃坝演进流量

如图 6-12 所示，溃坝发生后，溃坝洪水在演进过程中不断减小，且开度越大，下降得越快，在下游同一位置的流量也越大。当开度为 0.5 时，最大流量为 10 万 $m^3/s$，到达金沙江交汇处时（74.2km）流量为 2.7 万 $m^3/s$；当开度为 0.4 时，最大流量为 6.6 万 $m^3/s$，到达金沙江交汇处时流量为 2.6 万 $m^3/s$；当开度为 0.3 时，最大流量为 3.8 万 $m^3/s$，到达金沙江交汇处时流量为 2.2 万 $m^3/s$；如开度更小，其流量下降速度较慢，开度为 0.1 时，其开始流量较小，只有 $4600m^3/s$，其下降也较慢，到达金沙江交汇处时流量为 $4504m^3/s$。

4. 溃坝洪水冲击荷载

堰塞体溃决后，库水携带大量的泥沙下泄，同时对沿途的坡岸、河床进行铲刮，增加了挟沙量，当然，在不断下泄过程中，部分大颗粒物质逐渐沉积。下泄库水流量较大（达到几万 $m^3/s$)、流速较大（20～50m/s)，其动能较大，在遇到阻碍时，将对阻碍物形成巨大的冲击荷载，使其发生毁灭性的破坏。尤其是下游水位较低，下泄洪水被拦截，且动能完全作用于阻碍物上。根据能量守恒原理及非恒定渐变流的能量方程公式，可以得出溃坝洪水的冲击荷载表达式，如式（4-20）、式（4-23）、式（4-25），进而可以计算出溃坝洪水在下游某一位置的冲击荷载。红石岩堰塞坝下接天花板水电站（19km）、黄角树水电站（59km），如果任堰塞体自己溃决，将对其安全造成巨大的威胁，同时对沿途的生态环境也造成巨大的破坏，图 6-13、图 6-14 为下游不同位置的流量及冲击荷载。

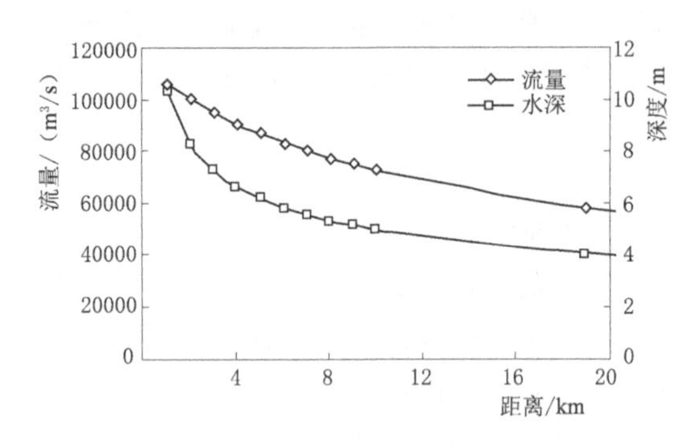


图 6-13　红石岩溃坝演进流量及深度（1/3 溃决）

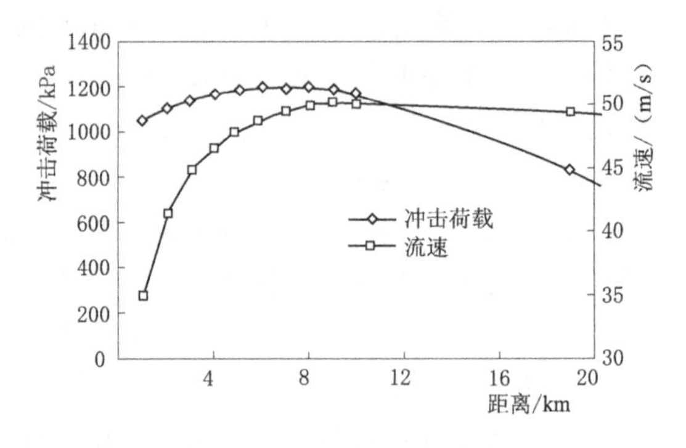


图 6-14　红石岩溃坝演进冲击荷载及流速（1/3 溃决）

由图 6-13 所示，流量和水深都逐渐减小，且在初期降低较快，当到达 20km 以后，两者趋于稳定，然而此时的流量仍接近 $60000m^3/s$，水深接近 4m。

由图 6-14 所示，冲击荷载和流速都经历了增长然后下降的过程，且初期增长较快，在达到 10km 以后，两者值随之减小，最大冲击荷载达到 1200kPa，相当于 12 个大气压，其破坏力是极其惊人的。

溃坝后，洪水下泄，到达下游坝前仍有较大速度，冲击荷载较大。在天花板水电站（19km）处其流量为 5.8 万 $m^3/s$，水深 4.1m，冲击荷载达 832kPa，该瞬时荷载是极大的，因此必须对溃坝水流进行人为干预，延长溃坝时间，降低溃决洪峰流量。

### 6.3.3　溃坝洪水淹没范围模拟

为了进一步的了解红石岩溃坝后产生的洪水演进及淹没特点，选取长宽各 20km 的区域进行洪水演进分析，分析区域如图 6-15 所示。

通过 google earth 获取分析区域的地形及等高线，通过相关软件（AutoCAD）转换获取研究区域的三维图，并以 STL 格式导入 $FLOW^{3D}$ 软件，然后进行模拟计算。计算模型如图 6-16 所示。

如图 6-16 所示，模拟选取区域长宽各为 20km，高为实际高程（底部高程为 0）。根据实际情况，假设库区水位漫顶后，坝体瞬间溃决，库水下泄，因此最高水位与坝顶（103m）平齐，由于模型未能完全反映库容，为了较真实地反映溃坝洪水量，计算水深需适当增加，假设河道断面基本相同，根据水量平衡原理，模型水深取 162m，如图 6-17 所示，并以 $270m^3/s$ 的流量向库区供水以模拟上游来水量（8 月多年洪水过流量为 $270m^3/s$），该方法增加了水体深度，进而对洪水水深和下泄流速计算结果有一定增大效果，但其增加了灾害的安全阈值，对于风险的预防有一定的警示作用。

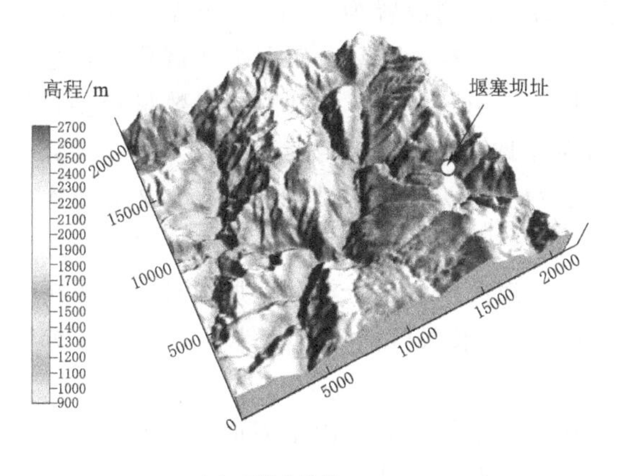


(a) 三维立体图

(b) 平面图

图 6-15　红石岩溃坝分析区域

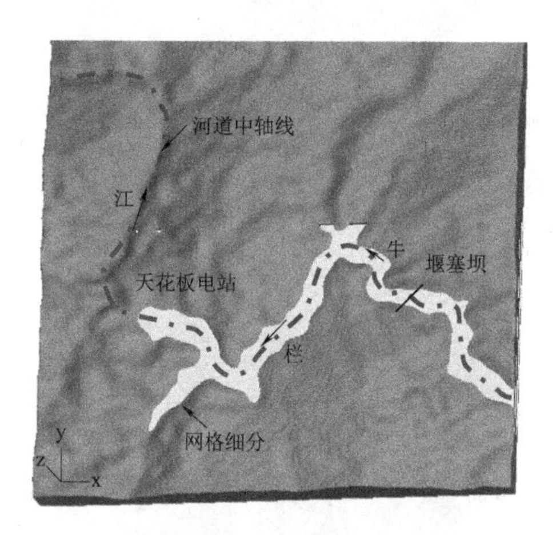


图 6-16　淹没模型

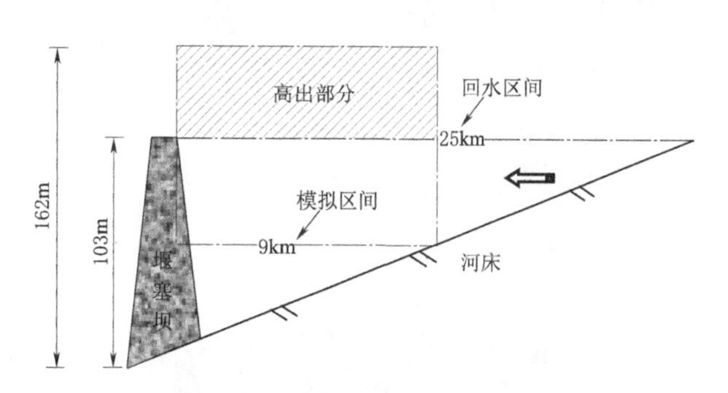


图 6-17　数值模型水深示意图

由于河道被堰塞体截断，下游水位较上游小得多且流量较小，同时，在下游 19km 处天花板水电站的拦截（坝顶高程较大，形成的库区深度较大），如图 6-18，因此，计算过程中，假设下游河道相对静止，保持在正常蓄水水位（El. 1071.00m），且无其他的水源供给。水流计算范围为堰塞湖区至下游天花板水电站坝前，再往下游由于坝体拦截，产生回水。

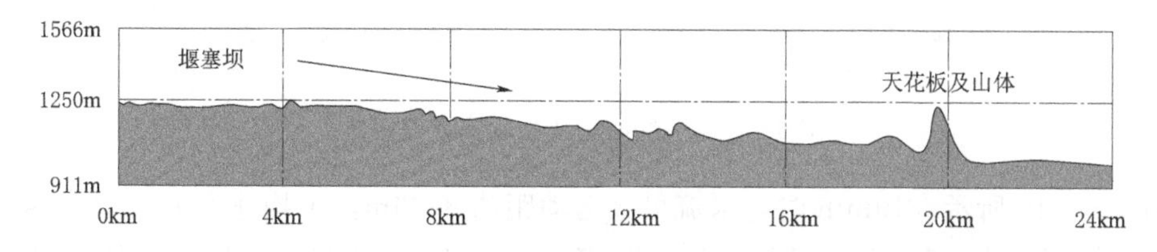


图 6-18　河道顺河向剖面

在模型边界设置过程中，上游入水侧设置为 Volume flow rate 边界（入库流量为

270m$^3$/s)，相邻的上游边界设置为Wall边界，另外两侧设置为outflow出流边界，底部为Wall边界，顶部（临空面）为Specified pressure边界。模型采用网格镶嵌形式，总体上，网格大小为100m，然后对河道部分进一步镶嵌5m的网格，由于网格数量较多，计算量较大，计算工作在工作站上完成。河道糙率$n$取0.050。计算时间为50min。计算过程中在不同的部位设置4个监测点，如图6－15（b）所示，1为溃口上游侧，2为一次拐弯处，3为河道中游，4为下游库区。为了反映坝体漫顶后的溃决，溃坝库区水位与堰塞坝顶平齐。由于实际河道高程的不均匀性，部分河道凸出、部分深陷，所以计算结果也是凸出的部分，水深很小，可以忽略，而深陷的部分，水深可能达数十米，计算结果如图6－19～图6－23所示。

图6－19为不同时刻溃坝水流演进距离。在第一个拐弯处，由于河道水位的提高，部分水流进入支沟。下泄水流在头部运动距离最远，说明其流速最大。

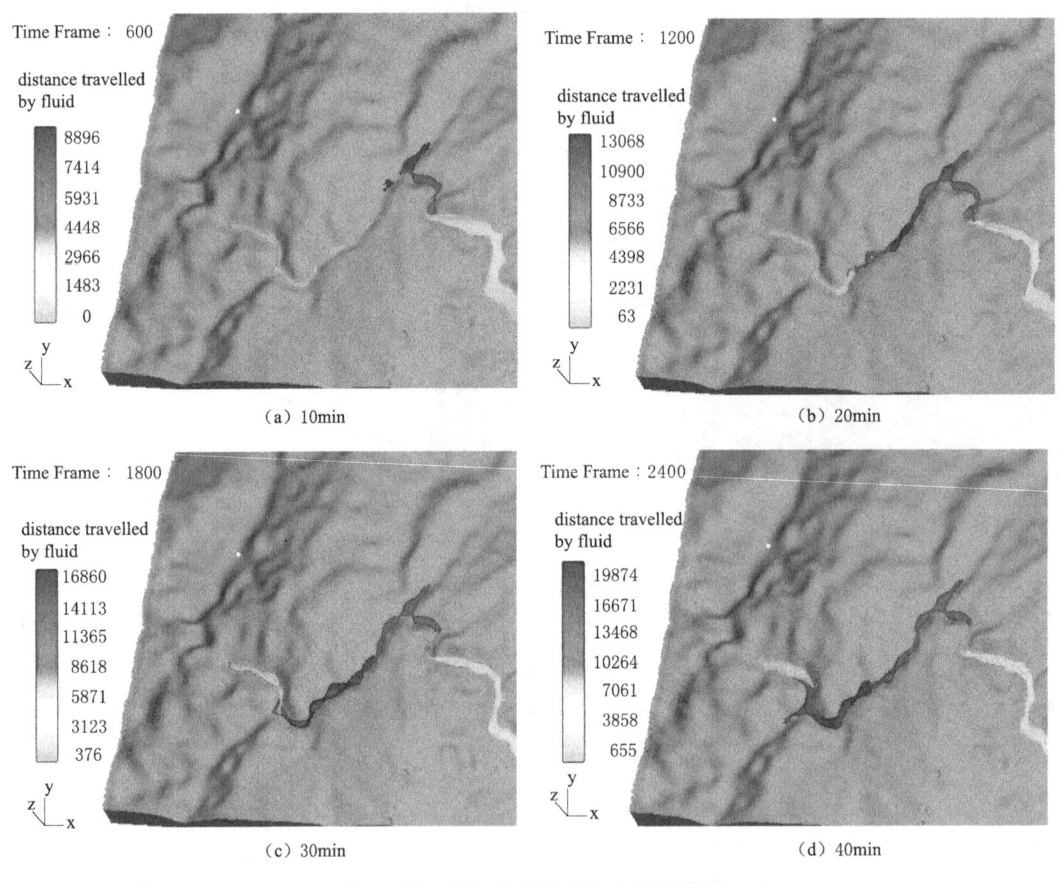


(a) 10min (b) 20min

(c) 30min (d) 40min

图6－19 不同时刻溃坝水流演进距离

如图6－19所示，10min时，水流最大运动距离8896m，平均速度为14.8m/s，越过第一个大拐弯部位；20min，其最大运动距离13068m，已经与下游库区水体接触，平均速度为10.89m/s；30min时，已经基本进入下游库区，其对溃坝洪水有较大的减缓作用，其最大运动距离16860m，平均速度为9.4m/s；40min时，最大距离19874m，平均速度

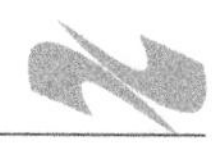

为 8.3m/s，提高了库区水位，部分水体进入支沟。由于此时的溃坝洪水仍具有较大的动能，继续向天花板电站运动。

图 6-20 为不同时刻溃坝水流淹没情况。

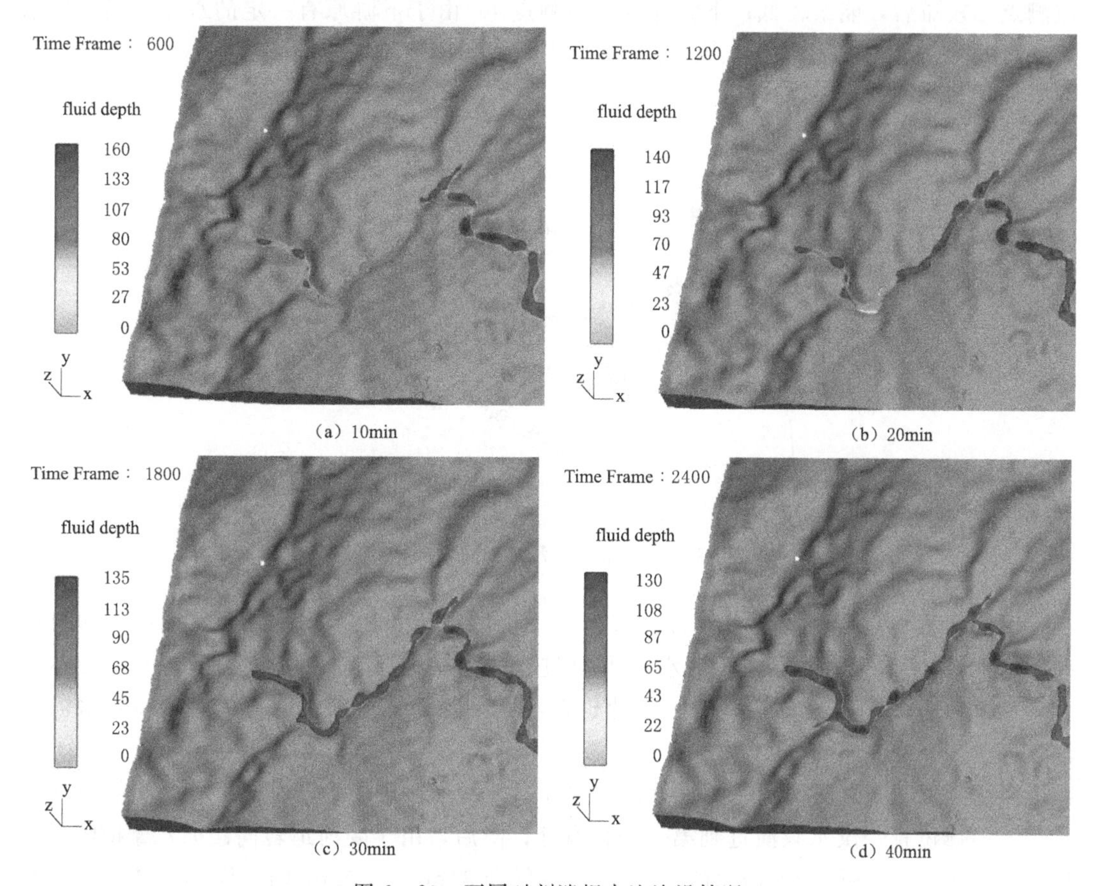


(a) 10min (b) 20min (c) 30min (d) 40min

图 6-20 不同时刻溃坝水流淹没情况

库水在重力作用下发生流动，随着库水的不断下泄，上游库区水位不断降低，库区上游随着溃口下降波的到来而下降，而下游水深由于下游库区拦截而不断抬高，由于洪水面积的增大，其增长速率较溃坝水位降低小得多。如图 6-20 所示，10min 中时，溃口处水位已大幅度降低，但水位波传播距离有限，库区偏上游水位波动较小，大致为 130～150m，洪峰到达的区域水位增长较大，由于洪水还没到达下游库区，中间存在无水区域，下游库区水位变化极小；20min 时，水位进一步下降，下泻洪水已经和下游库水接触；30min 时，下泄洪水作用于库水，使下游库区水位增高，水位达到 100～120m；随后，上游库区水位不断降低，下游库区持续增长，40min 时，和 30min 差别不大，下游库区水位进一步增长。

图 6-21 为 4 个监测点不同时刻的水深变化曲线。溃口上游侧（监测点 1）坝体溃决后，在重力作用下，快速下降，形成水波，向上游演进，后续水位下降速度平缓，计算的 50min 内，水位由 162m 降低到 90m；第一个大拐弯处（监测点 2）在上游溃水演进到该

点时，水位迅速上升，然后发生缓慢的下降，其水位逐渐和库区相近，但由于其河床高程较溃口低，其水深反而较大；河床中部（监测点 3）水位变化趋势和监测点 2 相似，当由于其位于下游，洪水到达时间较长，期间伴随着能量的消耗，尤其是大拐弯处，所以其较监测点 2 较滞后，能量较低；下游库区（监测点 4）由于下游原有一定的水深，当演进水流到达时，其水位发生增长，当由于水面相对较大，因而增幅较小。

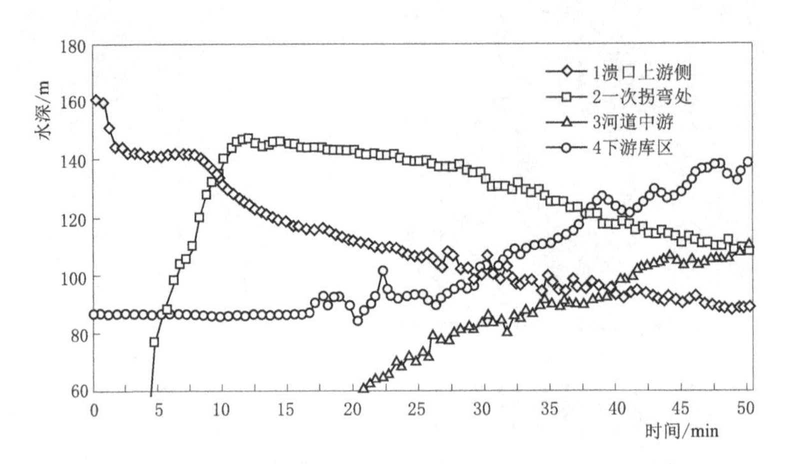


图 6－21　不同监测点各时刻的水深变化曲线

库水在下泄过程中，随着水位的降低，上下游水位差逐渐减小，因此溃口处的流速在短时间增大后不断减小。而洪水在下泄过程中，由于河道摩擦阻力及由于河道不顺直产生的碰撞，使水能逐渐减小，流速也在不断下降。图 6－22 为不同时刻溃坝水流下泄流速。

洪水经历了由增速到减速的过程。如图 6－22 所示，10min 中时，最大流速为 37m/s，且位于前锋位置，洪水只演进到第一个拐弯处；随后，由于受河道转向碰撞及摩擦阻力作用，能量进一步降低，20min 时，最大流速降低到 34m/s，30min 时，溃坝水流进入下游库区，平静的水面由于上游来水的影响，发生震荡，余能在水体的交互碰撞过程中逐渐消失。40min 时，流速进一步降低，最大 20m/s。但剩余的能量仍然极其巨大，当其到达天花板电站时，将对其产生巨大的冲击荷载，进而影响其安全。

图 6－23 为 4 个监测点不同时刻的流速变化曲线。溃口上游侧（监测点 1）坝体溃决后，在重力作用下，流速瞬间增大，最大达到 34m/s，然后随着上下游水位差的减小，流速逐渐降低；第一个大拐弯处（监测点 2）在上游溃水演进到该点时，水位迅速上升，然后下降，由于其下降主要是由于上游流速下降及摩擦阻力的影响，因此，其下降得较慢；河床中部（监测点 3）和点 2 类似，但其流速较小、启动时间晚；下游库区（监测点 4）由于下游原有水深对水流速有较大的削弱作用，其流速总体较小。

数值计算结果较之数学方法，考虑了河道的转向及断面变化，更接近真实情况；而数学方法由于大量的假设，忽略了水体下泄过程中的部分能量损失，其洪水计算结果较实际值偏大。但考虑到堰塞湖灾害链治理的紧迫性，因此采用数学计算方法，做适当的简化也是合理的。

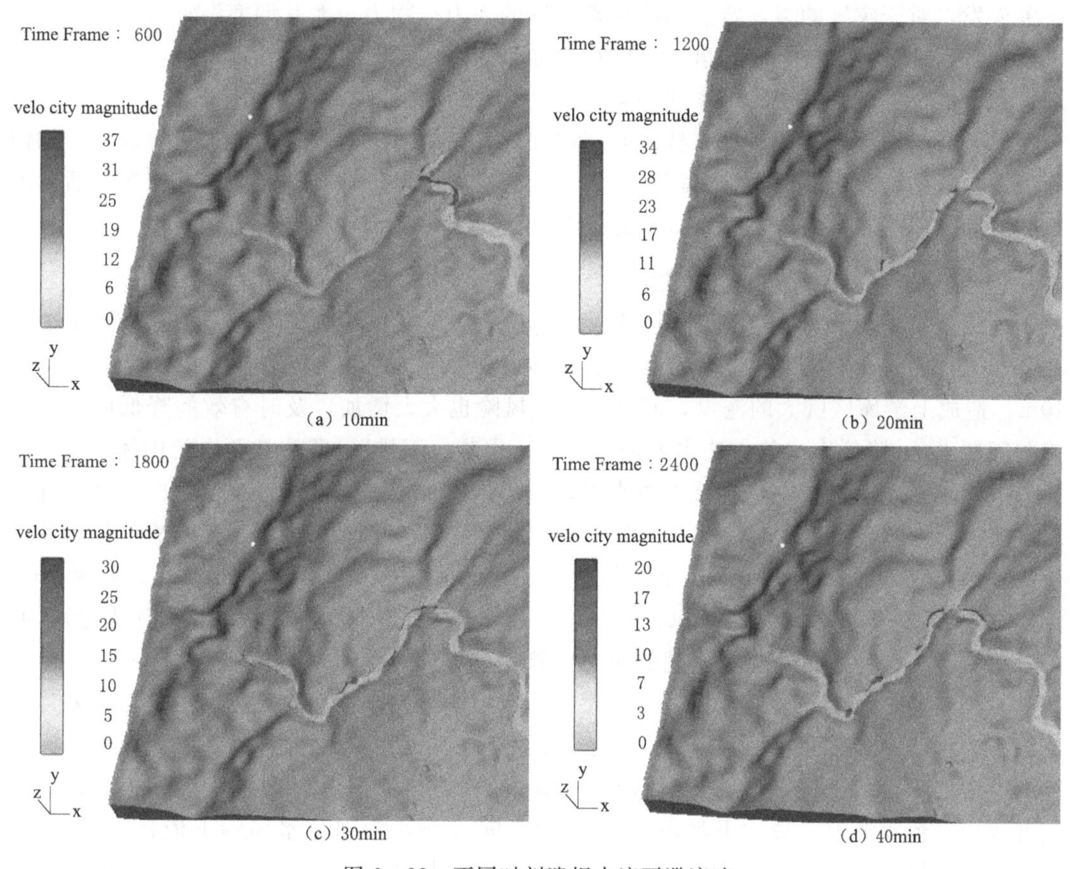


(a) 10min (b) 20min (c) 30min (d) 40min

图 6-22 不同时刻溃坝水流下泄流速

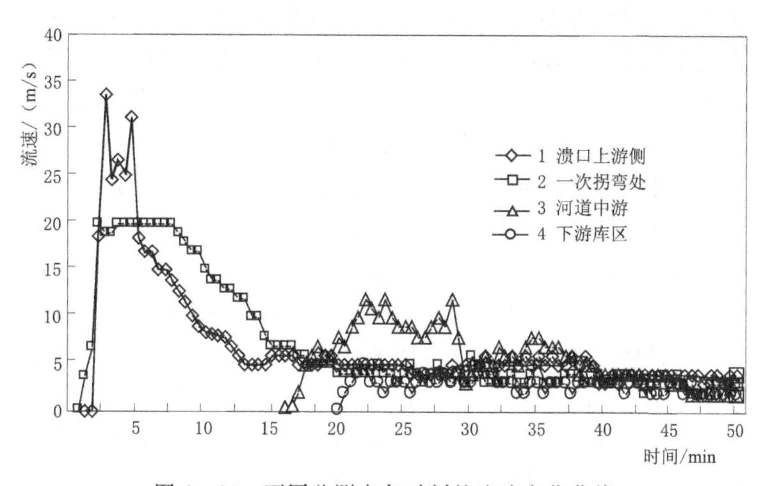


图 6-23 不同监测点各时刻的流速变化曲线

## 6.4 堰塞湖灾害链控制

堰塞湖灾害链的控制主要是发生前的预防和发生后的治理，然而由于我国地域广大、灾害频发，对于灾害的事前定点排除缺乏足够的人力、物力，尤其堰塞湖灾害链主要发生于高山峡谷地区，人迹罕至，事先预防难上加难，因此主要以灾害处理为主，红石岩堰塞湖灾害链的发生就是其中的一个典型案例。

红石岩的滑坡和堵江成坝在极短时间内完成，其本身灾害带来的损失相对较小，如何断链，也就是防止自然溃坝，是摆在人们面前的主要问题。该步骤分为应急处置、后续处置和后续整治等三个阶段，其中以应急处置最为重要也最为棘手。

### 6.4.1　红石岩堰塞湖灾害链应急处理

鲁甸地震后，火德红乡石岩村牛栏江两岸发生山体滑坡，进入河道，形成长约 300m、宽约 750m、高约 100m 的巨大堰塞体，导致上游水位急剧上涨，4d 内上涨了近 40m，造成上游库区巨大的淹没，同时其溃决风险也大大增加，及时有效的降低库水位是首要问题[129]。降低库水的方法主要是“上堵、中疏、下排”，并注意两岸的山体稳定。

上拦主要是上游措施，拦截上游来水，减小入库水量，降低库区水位上升速度。红石岩堰塞体上游修建有多个水库，为水流上拦提供了条件，主要采用了德泽水库（位于曲靖市沾益县，距离红石岩 300km）下闸拦截入流洪水，8 月 4 日 4 时全部关闸，截至 2014 年 8 月 12 日 8：00，共拦截水流 $6\times10^7$ $m^3$（相当于红石岩堰塞湖出现的最大库水量），并向外流域调出部分水量，为堰塞湖的应急排险争取了大量时间。

重点是通过一定的通道，尽量下泄库水，以控制上游水位上涨速度。红石岩堰塞体位于红石岩水电站的大坝和发电厂房之间，中间存在一引水洞支洞（9m×8m），堵头长 20m，其上设有 1.8m 直径的检修通道（末端设有检修门），通过改造，拆除检修门，把其变为应急泄洪通道，最大下泄流量达到 60～90$m^3$/s，为部分水体的下泄提供了条件，争取了应急排险时间。同时，采用“自下而上、分步拓宽、推挖并举”的方法，在坝顶低洼处开挖人工导流槽，导流槽底宽 5m，深 8m，坡比 1：1.5，开挖方量 10.3 万 $m^3$，底高程 1214m，最大泄流量 1319$m^3$/s（按高程 1222m 起溃决计算），动用大型施工机械 150 多台，人员 400 余人，2014 年 8 月 8 日开始开挖并于 8 月 12 日完成施工。美国蒙大拿州的麦迪逊坎宁堰塞湖（1959 年）、贵州印江岩口堰塞湖（1996 年）、西藏易贡堰塞湖（2000 年）、北川唐家山堰塞湖（2008 年）等高风险堰塞湖都采取了这种开挖泄流槽应急除险技术。10 月 3 日，库水通过应急导流槽下泄，最大流量达到 600$m^3$/s，至第二天 19 时 28h 内下泄库水 4752.2 万 $m^3$，水库基本泄空。

下排是指为了降低堰塞体溃坝后溃坝洪水下泄与下游各库区的水体叠加，并产生巨大的冲击荷载，导致连锁溃坝事件。红石岩堰塞体下接天花板水电站（约 19km）、黄角树水电站（约 59km），若堰塞体溃决，将对其造成毁灭性的影响，因此提前泄空下游库容，以接纳、滞留溃坝洪水，对于保证下游安全极为必要。两电站均泄水至死水位以下，共腾空库容 $1\times10^8$ $m^3$。为避免溃坝洪水的下游坝体漫顶，对相应部位进行加高加固。

同时，为了避免两岸残存坡体再次滑坡，造成掩埋、滑坡涌浪等灾害，进行人员财物转移等避险措施。

### 6.4.2　红石岩堰塞湖灾害链后续整治

红石岩应急除险后，只是临时除险，只能满足常年洪水标准的防汛要求，很难满足下一

年度的洪峰度汛要求，没有彻底的消除灾害隐患，大量的堆积体仍存留于河道，如果处置不当，仍可能再次致灾，必须进行后续的治理，相对应急除险而言，其治理时间相对较充裕。

堰塞湖灾害打破了原有生产、生活环境，易发生次级灾害。后续整治是在前期应急处置基础上进行的[130]，通过进一步的工程、非工程措施，考虑现实和可行性因素，提高防洪标准，不能使其自由演变，以尽量减少灾害损失，包括泄洪槽的扩槽深挖（降低单宽流量）、提高导流洞的泄洪能力（降低库水位）、增强水文气象预报预警、加强监控防止次生灾害发生等。

为了解决河道1200万$m^3$堰塞体的问题，主要有两种方法：一是完全挖除；二是变废为宝合理开发。首先，完全挖除堰塞体，工作量太大、成本太高，在周边找到能堆放如此大方量的堆积区，堆积的松散体也可能再次成灾。而变废为宝通过加固堰塞湖体，使其成为一水利工程，可以为下游地区农田提供灌溉用水、人民生活用水及水能资源，但需解决堰塞体防渗问题、高边坡稳定及沿岸公路的恢复问题。通过现场考察，堰塞体上宽下窄，上游迎水面宽286m，而下游背水面为78m，且物料组成较均匀，在堰塞体不漫流的情况下，能够保持基本稳定，通过一定的工程加固措施，完全可以兴利为宝，发挥灌溉、发电、防洪和旅游等效益，通过对比，选择了变废为宝方案。

### 6.4.3 红石岩堰塞湖灾害链断链效果

通过一系列的工程的、非工程的措施，堰塞湖演变沿着预期的方向演化，未出现较大的溃坝洪水，避免了巨大冲击荷载对下游建筑物的破坏。截至2014年10月4日19时，堰塞湖库区蓄水基本泄空库，溃坝风险暂时解除，淹没60余天的建筑露出水面，滑坡堰塞湖灾害链基本解除。

图6-24 红石岩堰塞湖库区清空后

(a) 库区远视图；(b) 库区近视图；(c) 淹没村庄揭露

通过后续的改造，残留坡体未发生新的大规模滑坡，2015 年汛期成功度汛。后续将对堰塞湖进一步处理，形成总库容 1.6 亿 $m^3$，灌溉区域 5 万亩，机组 20 万 kW 的综合性水电工程，实现堰塞湖灾害链的变害为利。

## 6.5　本章小结

滑坡堰塞湖灾害链危害较大，尤其是关键环节——堰塞湖，其为灾害链的演化提供了必要的水源，其溃坝洪水造成的损伤不亚于地震本身，西南山区地震过程中都引发了一定程度的堰塞湖堵江事件，其堰塞湖灾害链的演化造成了巨大的人员财产损失。

本章结合鲁甸地震诱发的红石岩滑坡——红石岩堰塞湖，分析了其滑坡堵江形成过程、库区水位变化、灾害链的危险程度，结果表明，其为高危型。继而采用数学方法，分析了可能的溃坝洪水的演进规律和巨大冲击作用，并采用 $FLOW^{3D}$ 软件分析了其洪水演进特点及淹没范围。在此基础上提出了堰塞湖的应急处置、后续处置和后续整治等阶段的处置措施。

# 第7章 结论与展望

## 7.1 结论

滑坡堰塞湖是西南山区较常见的地质灾害，其发生、发展、溃决等过程是一个系统的不可分割的整体。本书在总结前人研究成果的基础上，开展了大量室内试验、理论分析和数值模拟，分析了滑坡堰塞湖灾害链各个环节的成灾演化特点、诱发条件及关键演化致灾规律，在风险评价的基础上提出了堰塞坝灾害链的综合防灾减灾措施，并应用于红石岩堰塞湖实例分析。本书主要研究工作及结果包括：

(1) 滑坡堵江机理。归纳总结了滑坡堵江类型、特点及其分布规律，并采用室内实验和数值模拟方法对滑坡堵江过程进行了分析，得出滑坡堵江不仅与外在触发因素（降雨、地震等）有关，还和滑坡规模、高度、河流水动力条件有关，在此基础上，提出了滑坡堵江形成堰塞坝的机理。

(2) 滑坡堰塞坝灾害链演化物理模型试验。通过室内试验方法，分析了堰塞体的溃决方式、过程及影响因素，重点分析了库区滑坡涌浪诱发的坝体溃决。在此基础上，分析了堰塞坝的溃决机理，定性地提出了入流量、坝顶大块石、坝体尺寸、下泄渠道在堰塞体溃决中的作用，进而提出了堰塞湖灾害链防灾减灾措施，如开设分洪通道、块石固坝、导流槽泄流等。

(3) 堰塞坝溃决洪水演进及水动力学分析。基于堰塞体土石特性及坝体分层结构特点，提出了堰塞坝溃口预测模型，进而结合能量方程、动量方程、连续方程，提出了预测溃坝洪水演进过程及洪水冲击荷载的数学模型，并对模型的相关参数进行了敏感性分析，表明溃坝洪水过程受溃口形状影响较显著，尤其是溃口深度系数，同时，河道坡降、上游原始水深对冲击荷载就有较大的强化作用，而河道糙率、运动距离有较大的弱化作用。

(4) 堰塞湖灾害链断链机制及控制。结合地震堰塞坝灾害链各链间的联系及对生态效益的影响，重点分析了堰塞湖阶段在其中所起的作用——灾害链演化提供了必要的水源、降低了演化条件、延长了灾害链环节，扩展了灾害的时空范围。结合工程实践，分析了灾害链的成灾因素（物源和触发因素），在灾害链风险评价的基础上，提出了堰塞湖灾害链的前中后的分期防灾减灾思路和控制方法，并应用于红石岩堰塞湖分析中，对于堰塞湖灾害链的综合治理具有较大的参考价值。

通过系统研究，本书完善了堰塞湖灾害链理论，揭示了溃口的演变规律，提出了块石护面及导流槽防冲阻滞（或消阻扩容）的堰塞坝人工处理手段，引入了溃口形态特征参数，进而推导了堰塞湖溃决流量和最大冲击荷载的数学预测模型，具体取得了以下 4 点创新：

（1）基于多座滑坡堰塞湖形成、发展、消亡的调研，揭示了滑坡堰塞湖灾害链的内在传承机制，为系统的研究堰塞湖灾害及防灾减灾奠定了基础。

（2）基于涌浪侵蚀及堰塞坝溃决过程试验分析研究结果，结合"5・12"汶川地震形成的多座堰塞湖引流排险工程实践，揭示了大块石对坝面防冲固坝的作用机制，提出了堰塞坝大块石抗冲防护与消除阻滞的作用机理，为堰塞坝溃口形态发展研判提供了技术支持。

（3）基于堰塞坝引流溃决后的溃口形态调查结果及模拟试验，提出了宽度系数 $k_1$、深度系数 $k_2$ 的溃口形态特征参数，揭示了堰塞体溃口的形成拓展机制，为导流槽的设计提供了理论支持。

（4）基于溃口预测模型，提出了堰塞湖溃决流量计算的数学计算修正模型，并结合能量方程、动量方程、连续方程，提出了溃坝洪水演进的最大冲击荷载的预测模型，为堰塞湖灾害的风险评估及科学预警提供重要技术支撑。

## 7.2　展望

随着自然条件的恶化，我国地质灾害愈发频繁，尤其是 2008 年"5・12"汶川地震以后，先后爆发了多次地震，给当地人民生产生活带来了深重灾难，尤其是滑坡堵江形成的堰塞湖是历次抗震救灾的重要组成部分，如"5・12"汶川地震的唐家山堰塞湖、雅安地震的三交乡堰塞湖、鲁甸地震的红石岩堰塞。本书主要采用理论方法、室内试验和数值模拟等方法分析了滑坡堰塞湖灾害链山体堵江、坝体溃决、洪水演进等一系列的灾害过程，重点分析了各阶段的成灾机理及影响因素，取得了一定的成果，但由于时间和水平的限制，仍然存在一些尚未解决的问题需要深化与完善。主要包括：

（1）在创新点（2）研究的基础上，分析不同粒径块石或块石串的抗冲刷能力，根据堰塞坝物质组成，建立物质级配与堰塞体抗刷防冲性能的内在关系，为堰塞体导流槽的抗冲消阻设计提供量化依据。

（2）基于堰塞坝最终溃口和洪峰流量溃口存在一定的滞后效应（即最大洪峰发生后，溃口还会发生一定的冲刷扩容），进行相关的试验研究和理论推导，建立溃决洪峰流量与溃决后溃口形态之间的内在关系，为堰塞湖的安全评价及治理提供理论指导。

（3）本书堰塞湖灾害链的研究主要侧重于灾害机理及演化过程，而堰塞湖存续期间与溃决后，对水质及其生态环境具有较大影响，本书在该方面研究较少，后续可以进一步研究。

# 参 考 文 献


［1］ 姚姚，詹正彬，钱绍湖．地震勘探新技术与新方法［M］．武汉：中国地质大学出版社，1991．

［2］ 薛艳．巨大地震活动特征及其动力学机制探讨［D］．北京：中国地震局地球物理研究所，2012．

［3］ 江世亮．山地灾害研究专家崔鹏提醒：应高度关注地震引发的地表次生灾害——堰塞湖串起大震灾害链［N］．科技文摘专刊，2008－06－01（007）．

［4］ 李洪涛，周宏伟，杨兴国．堰塞湖群应急处置决策方案优选问题研究［J］．人民长江，2010，41（z1）．

［5］ 龚煦春．四川郡县志［M］．成都：成都古籍出版社，1983．

［6］ 孙成民．四川地震全纪录［M］．成都：四川人民出版社，2010．

［7］ 江小林，安明智．四川省地震监测志［M］．成都：成都地图出版社，2004．

［8］ 马声浩．四川省地震堰塞湖灾害及其防御对策研究［J］．四川地震，2011，2：17－25．

［9］ 王勇胜，杨兴国，姚强，等．唐家山堰塞湖泄洪洞进口预留岩埂拆除爆破［J］．爆破，2013，30（3）：75－79．

［10］ 陈宁生，第宝锋，李战鲁，等．“5·12”汶川地震龙门山风景区地震次生山地灾害特征与处理［J］．山地学报，2008，26（3）：272－275．

［11］ 王运生，苟富刚，陈宁，等．平武县石坎河汶川地震灾害链的成生条件研究：2011年全国工程地质学术年会论文集［C］．2011．

［12］ 谢洪，王士革，孔纪名．“5·12”汶川地震次生山地灾害的分布与特点［J］．山地学报，2008，26（4）：396－401．

［13］ 周宏伟，杨兴国，李洪涛，等．地震堰塞湖排险技术与治理保护［J］．四川大学学报：工程科学版，2009，41（3）：96－101．

［14］ 张红武，刘磊，钟德钰，等．堰塞湖溃决模型设计方法及其验证［J］．人民黄河，2015（04）：1－5．

［15］ 陈晓清，崔鹏，程尊兰，等．“5·12”汶川地震堰塞湖危险性应急评估［J］．地学前缘，2008，15（4）：244－249．

［16］ 柴贺军，刘汉超，张倬元．中国滑坡堵江的类型及其特点［J］．成都理工学院学报，1998（3）：411－416．

［17］ Bromhead E N，Coppola L，Rendell H M. Field reconnaissance of valley blocking landslide dams in the Piave and Cordevole catchments［J］. Journal of the Geological Society of China，1997，39（4）：373－389.

［18］ Schuster R L，Costa J E. Effects of landslide damming on hydroelectric projects［C］// Anon. Processding Fifth International Associat ion of Engineering Geology，1986：1295－1307.

［19］ Swanson F J，Oyagi N，Tominaga M. Landslide dam in Japan［C］//Landslide Dam：Processes Risk and Mitigation. In：Schuster RL（Ed.），American Society of Civil Engineers，Geotechnical Special Publication，1986，3：131－145.

［20］ Weidinger J T. Case history and hazard analysis of two lake－damming landslides in the Himalayas［J］. Journal of Asian Earth Sciences，1998，16（2）：323－331.

［21］ Trauth M H，Strecker M R. Formation of landslide－dammed lakes during a wet period between 40000 and 25000 yr B. P. in northwestern Argentina［J］. Palaeogeography Palaeoclimatology Palaeoecology，1999，153（s1－4）：277－287.

[22] Moreiras M S. Chronology of a probable neotectonic Pleistocene rock avanlance, Cordon del Plata (Central Andes), Mendoza, Argentina [J]. Quaternary International, 2006, 148: 138 - 148.

[23] Michael - Leiba M, Baynes F, Scott G, et al. Regional landslide risk to the Cairns community [J]. Natural Hazards, 2003, 30 (2): 233 - 249.

[24] Canuti P, Casagli N, Ermini L, et al. Landslide activity as a geoindicator in Italy: significance and new perspectives from remote sensing [J]. Environmental Geology, 2004, 45 (7): 907 - 919.

[25] 卢螽猷. 滑坡堵江的基本类型、特征和对策 [M]. 北京: 中国铁道出版社, 1988.

[26] 李娜. 云南省山崩滑坡堵江灾害及其对策 [M]//滑坡文集. 北京: 中国铁道出版社, 1992.

[27] 柴贺军, 刘汉超, 张倬元. 中国堵江滑坡发育分布特征 [J]. 山地学报, 2000, 18 (增): 51 - 54.

[28] 柴贺军, 刘汉超, 张倬元. 大型崩滑堵江事件及其环境效应研究综述 [J]. 地质科技情报, 2000, 19 (2): 87 - 90.

[29] 严容. 岷江上游崩滑堵江次生灾害及环境效应研究 [D]. 成都: 四川大学, 2006.

[30] 王珊, 梁彬锐, 王占军. 极端天气气候事件对大坝的致灾影响分析 [J]. 中国农村水利水电, 2013, 10 (1): 102 - 104.

[31] Cristofano E A. Method of computing erosion rate for failure of earth - fill dams [J]. Denver, 1965.

[32] Harris G W, Wagner D A. Outflow from breached earth Dams [R]. Salt Lake City: Department of Civil Engineering, University of Utah, UT, 1967.

[33] Lou W C. Mathematical modeling of earth dam breaches [D]. Fort Collins: Colorado State University, 1981.

[34] 谢任之. 溃坝水力学 [M]. 济南: 山东科学技术出版社, 1989.

[35] Nogueira D Q. A mathematical model of progressive earth dam failure [D]. Fort Codllins: Colorado State University, 1984.

[36] Fread, D L. A breach erosion model for earthen dams [R]. National Weather Service (NWS) Report, NOAA, Silver Spring, MA, 1984.

[37] Fread D L. DAMBRK: The NWS Dam Break Flood Forecasting Model [R]. National Weather Service (NWS) Report, NOAA, Silver Spring, MA, 1984.

[38] Singh V P. Dam Breach Modeling Technology [M]. Kluwer, Dordrecht, the Netherlands, 1996.

[39] Boriech K. CADAM: Mathematical modeling of dam - break erosion caused by overopping [C]. Munich meeting, Munich, Germay, October 8 - 9, 1998.

[40] Handson S J, Robinson K M, Cook K R. Predication of headcut migration using a terministic approach [J]. Transaction of ASAE, 2001, 44 (3): 525 - 531.

[41] 陈华勇, 崔鹏, 唐金波, 等. 堵塞坝溃决对上游来流及堵塞模式的响应 [J]. 水利学报, 2013, 44 (10): 1148 - 1157.

[42] Dupont E, Dewals B J, Archambeau D, et al. Experimental and numerical study of the breaching of an embankment dam [C]. Proceedings of the 3200 IAHR Biennial Congress 2007, 1: 339 - 348.

[43] Cao Z, Yue Z, Pender G. Flood hydraulics due to cascade landslide dam failure [J]. Journal of Flood Risk Management, 2011, 4 (2): 104 - 114.

[44] 杨武承. 引冲式自溃坝口门形成时间的试验及规律 [J]. 水利水电技术, 1984, 7: 21 - 25.

[45] 郝书敏. 自溃坝模型试验方法初步探讨 [C]//水利工程管理论文集. 北京: 中国水利学会工程管理专业委员会, 1984.

[46] Hanson G, Cook K, Temple D. Research results of large - scale embankment overtopping breach tests [C]. Proceedings of Association of State Dam Safety Official Annual Conference. 2002: 809 - 820.

[47] Bellos C V, Soulis J V, Sakkas J G. Experimental investigation of two - dimensional dam - break in-

duced flows [J]. Advances in Water Resources, 1992, 14 (1): 31 - 41.
[48] Frazao S S, Zech Y. Dam break in channels with 90° bend [J]. Journal of Hydraulic Engineering - ASCE, 2002, 128 (11): 956 - 968.
[49] De Saint - Venant B. 1871. Théorie du movement non permanent deseaux [J]. Comptes Rendus de l'Académie des Sciences, 1871, 73: 147.
[50] Ritter A. Die fortpflanzimg der Wasserwellen [J]. Zeitschrift des Vereines Deutscher Ingenieure, 1892, 36 (33): 947 - 954.
[51] Dressler R F. Hydraulic resistance effect upon the dam - break functions [J]. Journal of Research of the National Bureau of Standards, 1952, 49 (3): 217 - 225.
[52] Stoker J J. Water waves. Wiley [M]. New York: Interscience Publishers, 1957.
[53] Su S T, Barnes A H. Geometric and Frictional Effects on Sudden Releases [J]. Journal of the Hydraulics Division, 1970, 96 (11): 2185 - 2200.
[54] 林秉南，龚振瀛，王连祥. 突泄坝址过程线简化分析 [J]. 清华大学学报（自然科学版），1980，20 (1): 17 - 31.
[55] 谢任之. 溃坝坝址流量计算 [J]. 水利水运工程学报，1982 (1): 43 - 58.
[56] 伍超，吴持恭. 求解任意决口断面溃坝水力特性的形态参数分离法 [J]. 水利学报，1988 (9): 10 - 18.
[57] Ancey C, Iverson R M. , Rentschler M, et al. An exact solution for ideal dam - break floods on steep slopes [J]. Water Resources Research, 2008, 44 (1): W01430.
[58] Fukuda T, Sasaki Y, Wakizaka Y. The Development of Sallow Landslide Simulation System (Geoinforum - 2003 Annual Meeting Abstracts) [J]. Geological Data Processing, 2003, 14: 138 - 141.
[59] Regmi R K, Nakagawa H, Kawaike K, et al. Three Dimensuonal Study of Landslide Dam Failure due to Sudden Sliding [C]//Proceedings of the Japanese Conference on Hydraulics. Japan Society of Civil Engineers, 2011: 139 - 144.
[60] Garcia R, Kahawita R A. Numerical solution of the St. Venant equations with the MacCormack Finite differences scheme [J]. International Journal for Numerical Methods in Fluids, 1986, 6: 507 - 527.
[61] Katopodes N D, Wu C T. Explicit computation of discontinuous channel flow [J]. Journal of the Hydraulic Division, ASCE, 1986, 112 (6): 456 - 475.
[62] Alcrudo F, Garcia - Navarro P. A high - resolution Godunove - type scheme in finite volumes for the 2D shallow water equations [J]. Int J Numer Meth Fluids, 1993, 16: 489 - 505.
[63] Toro E F. Riemann problems and the WAF method for solving the two - dimensional shallow water equations [J]. Physical Sciences and Engineering, 1992, 338: 43 - 68.
[64] Zhao D H, Shen H W, Tabios G Q, et al. Finite - Volume two - dimensional unsteady - flow model for river basins [J]. Journal of Hydraulic Engineering, ASCE, 1994, 120 (7): 863 - 883.
[65] 胡四一，谭维炎. 无结构网格二维浅水流动数值模拟 [J]. 水科学进展，1995，6 (1): 1 - 9.
[66] Wang J S, Ni H G, He Y S. Finite - difference TVD scheme for computation of dam - break problems [J]. Journal of Hydraulic Engineering, ASCE, 2000, 126 (4): 253 - 262.
[67] Tseng M H, Chu C R. The simulation of dam - break flows by an improved predictor - corrector TVD schemes [J]. Advances in Water Resources, 2000, 23: 637 - 643.
[68] Valian A, Caleffi V, Zanni A. Case study: Malpasset dam - break simulation using a two - dimensional finite volume method [J]. Journal of Hydraulic Engineering, ASCE, 2002, 128 (5): 460 - 472.
[69] 韩金良，吴树仁，汪华斌. 地质灾害链 [J]. 地学前缘，2007，14 (6): 11 - 23.
[70] 郭增建，秦保燕. 灾害物理学简论 [J]. 灾害学，1987 (2): 25 - 33.

[71] 文传甲. 论大气灾害链 [J]. 灾害学，1994，9 (3)：1-6.

[72] 肖盛燮. 灾变链式理论及应用 [M]. 北京：科学出版社，2006.

[73] 史培军. 地理环境演变研究的理论与实践 [M]. 北京：科学出版社，1991.

[74] Carpignano A，Golia E，Di Mauro C，et al. A method - ological approach for the definition of multi - risk maps at regional level：first application [J]. Journal of Risk Research，2009，12 (3-4)：513-534.

[75] 许向宁，王兰生. 岷江上游叠溪地震区斜坡变形破坏分区特征及其成因机制分析 [J]. 工程地质学报，2005，13 (1)：68-75.

[76] 任金卫，单新建，沈军，等. 西藏易贡崩塌——滑坡-泥石流的地质地貌与运动学特征 [J]. 地质论评，2001，47 (6)：642-647.

[77] 戴荣尧，王群. 溃坝最大流量的研究 [J]. 水利学报，1983，2：13-21.

[78] 吕儒仁. 西藏泥石流与环境 [J]. 成都：成都科技大学出版社，1999.

[79] 尹卫霞，王静爱，余瀚，等. 基于灾害系统理论的地震灾害链研究——中国汶川"5·12"地震和日本福岛"3·11"地震灾害链对比 [J]. 防灾科技学院学报，2012，14 (2)：1-8.

[80] 钟敦伦，谢洪，韦方强，等. 论山地灾害链 [J]. 山地学报，2013，31 (3)：314-326.

[81] 聂高众，高建国，邓砚. 地震诱发的堰塞湖初步研究 [J]. 第四纪研究，2004，24 (3)：293-301.

[82] Costa J E，Schuster R L. The formation and failure of natural dams [J]. Geological society of America Bulletin，1988，100 (7)：1054-1068.

[83] 原俊红. 白龙江中游滑坡堵江问题研 [D]. 兰州：兰州大学，2007.

[84] 柴贺军，刘汉超，张倬元. 滑坡堵江的基本条件 [J]. 地质灾害与环境保护，1996 (1)：41-46.

[85] 周家文，杨兴国，李洪涛，等. 汶川大地震都江堰市白沙河堰塞湖工程地质力学分析 [J]. 四川大学学报：工程科学版，2009，41 (3)：102-108.

[86] 王兰生，杨立铮，李天斌，等. 四川岷江叠溪较场地震滑坡及环境保护 [J]. 地质灾害与环境保护，2000 (3)：195-199.

[87] 文海家，张永兴，柳源. 滑坡预报国内外研究动态及发展趋势 [J]. 中国地质灾害与防治学报，2004，15 (1)：1-4.

[88] Hirt C W，Nichols B D. Volume of fluid (VOF) method for the dynamics of free boundary [J]. Journal of Computational Physics，1981，39 (1)：201-225.

[89] Ajmani K，Ng W F，Liou M S. Preconditioned conjugate gradient methods for Navier - stokes equations [J]. Journal of Computational Physics，1994，110 (1)：68-81.

[90] 赵大勇，李维仲. VOF方法中几种界面重构技术的比较 [J]. 热科学与技术，2003，2 (4)：318-322.

[91] 陈俊合. FLOW-3D应用于孔隙结构物消波特性之研究 [D]. 高雄：中山大学海洋环境及工程学系研究所，2012.7.

[92] Yin Y P，Huang B，Chen X，et al. Numerical analysis on wave generated by the Qianjiangping landslide in Three Gorges Reservoir，China [J]. Landslides，2015，12 (2)：1-10.

[93] 谷继成，谢小碧，赵莉. 强余震的空间分布特征及其理论解释 [J]. 地震学报，1982 (4)：32-46.

[94] 魏勇，许开立，郑欣. 溃坝水流计算方法研究 [J]. 金属矿山，2009 (8)：23-25.

[95] Noda E. Water waves generated by landslide [J]. Journal of the Waterways Harbors and Coastal Engineering Division - ASCE，1970，96 (4)：835-855.

[96] 王家成，陈星. 基于潘家铮滑速和涌浪算法的某滑坡涌浪灾害研究 [J]. 灾害与防治工程，2010 (1)：16-22.

[97] 熊影，李根生，周宏伟，等. 白沙河流域三座地震堰塞湖治理综述 [J]. 中国农村水利水电，2013 (7)：118-121.

[98] Miller S，Chaudhry M H. Dam - break flows in curved channel [J]. Journal of Hydraulic Engineer

ing，1989，115（11）：1465－1478.

［99］汪洋，殷坤龙．水库库岸滑坡涌浪的传播与爬高研究［J］．岩土力学，2008，29（4）：1031－1034.

［100］Xu F G，Yang X G，Zhou J W. Experimental study of the impact factors of natural dam failure introduced by a landslide surge［J］．Environmental Earth Sciences，2015，74（5）：4075－4087.

［101］Xu F G，Yang X G，Zhou J W，et al. Statistical analysis for the relationship between motion parameters and topographic conditions of long runout landslides in China［J］．Electronic Journal of Geotechnical Engineering，2015，20（2）：413－426.

［102］Xu F G，Yang X G，Zhou J W，et al. Experimental research on the dam－break mechanisms of the Jiadanwan landslide dam triggered by the Wenchuan earthquake in China［J］．The Scientific World Journal，2013，Article ID 272363：13.

［103］Hanson G J，Robinson K M，Cook K R. Headcut migration using a deterministic approach［J］．Transactions of the ASAE，2001，2：335－361.

［104］徐富刚，杨兴国，周家文．堰塞坝漫顶破坏溃口演变机制及试验研究［J］．重庆交通大学学报，2015，34（6）：79－83.

［105］Xu F G，Yang X G，Zhou J W. An empirical approach for evaluation of the potential of debris flow occurrence in mountainous areas［J］．Environmental Earth Sciences，2014，71（7）：2979－2988.

［106］Xu F G，Zhou H W，Zhou J W，et al. A mathematical model for forecasting the dam－break flood routing process of a landslide dam［J］．Mathematical Problems in Engineering，2012，Article ID 139642：16.

［107］王子豪，陈昊，何利君，等．上游洪峰流量对堰塞坝漫顶溃决影响试验研究［J］．人民黄河，2015，37（5）：38－41.

［108］杨华，陈云良，何利君，等．三种堰塞坝溃口发展及最大溃决流量公式拟合［J］．中国农村水利水电，2015（5）：129－132.

［109］王晓庆．洪水演进模型及冲击荷载研究［J］．工程力学，2010，27（9）：35－40.

［110］Merz B，Kreibich H，Thieken A，et al. Estimation uncertainty of direct monetary flood damage to buildings［J］．Natural Hazards and Earth System Science，2004，4：153－163.

［111］Zoppou C，Roberts S. Numerical solution of the two－dimensional unsteady dam break［J］．Applied Mathematical Modelling，2000，24：457－475.

［112］Kelman I，Spence R. An overview of flood actions on buildings［J］．Engineering Geology，2004，73：297－309.

［113］Yang C，Lin B L，Jiang C B，et al. Predicting near－field dam－break flow and impact force using a 3D model［J］．Journal of Hydraulic Research，2010，48：784－792.

［114］Barroca B，Bernardara P，Mouchel J M，et al. Indicators for identification of urban flooding vulnerability［J］．Natural Hazards and Earth System Sciences，2006，6：553－561.

［115］Caboussat A，Boyaval S，Masserey A. On the modeling and simulation of non－hydrostatic dam break flows［J］．Computing and Visualization in Science，2013，14：401－417.

［116］Xu F G，Yang X G，Zhou J W. A mathematical model for determining the maximum impact stress on a downstream structure induced by dam－break flow in mountain rivers［J］．Arabian Journal of Geosciences，2015，8（7）：4541－4553.

［117］Jarrett R D. Hydrologic and hydraulic research in Mountain Rivers［J］．Journal of the American Water Resources Association，1990，26：419－429.

［118］刘文方，肖盛燮，隋严春，等．自然灾害链及其断链减灾模式分析［J］．岩石力学与工程学报，2006，25（增1）：2675－2681.

[119] 王文俊，唐晓春，王建力．灾害地貌链及其临界过程初探［J］．灾害学，2000，15（1）：41-46.
[120] 乔路，杨兴国，周宏伟，等．模糊层次分析法的堰塞湖危险度判定——以杨家沟堰塞湖危险度综合评价为例［J］．人民长江，2009，40（22）：51-53.
[121] 罗涛逸．三峡库区库水升降诱发滑坡变形机理及预警判据研究［D］．成都：成都理工大学，2014.
[122] 匡尚富，汪小刚，黄金池，等．堰塞湖溃坝风险及其影响分析评估［J］．中国水利，2008（16）：17-21.
[123] 汪燕麟，殷义程，施昆．地震灾区中地面三维激光扫描测绘技术的应用方法分析［J］．测绘通报，2015（6）：65-68.
[124] 周兴波，陈祖煜，李守义，等．高风险等级堰塞湖应急处置洪水重现期标准［J］．水利学报，2015，46（4）：405-413.
[125] 陈晓利，常祖峰，王昆．云南鲁甸 M_S6.5 地震红石岩滑坡稳定性的数值模拟［J］．地震地质，2015，37（1）：279-290.
[126] 夏仲平，赵坤云，刘加龙，等．云南昭通鲁甸县“2014.8.3”地震牛栏江红石岩堰塞湖风险分析及应急处置［J］．中国防汛抗旱，2014，24（5）：29-32.
[127] 师宝寿，舒远华，王绍志．牛栏江红石岩堰塞湖堰上水位及出流变化分析［J］．人民长江，2015，46（增1）：54-55.
[128] 任继周，余佑康，蒋德体，等．红石岩堰塞湖水位变化特征及成因分析［J］．水资源研究，2015，4（4）：339-344.
[129] 刘宁．红石岩堰塞湖排险处置与统合管理［J］．中国工程科学，2014，16（10）：39-46.
[130] 陈宇棠．喜马拉雅山冰湖溃决型泥石流灾害链研究［D］．长春：吉林大学，2008.